4歳まで
ハムスターが
元気で
長生きする
飼い方

X-Knowledge

ハムスターが元気《げんき》で長《なが》生《い》きするための10か条《じょう》

1 ケージ内《ない》を清潔《せいけつ》に保《たも》つ

2 飼育《しいく》グッズは素材《そざい》の安全性《あんぜんせい》に注意《ちゅうい》する

3 ペレットの量《りょう》は体重《たいじゅう》の10%が目安《めやす》

4 おやつの与《あた》えすぎに注意《ちゅうい》する

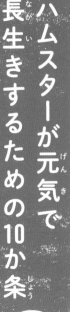

5 人間《にんげん》の手《て》に慣《な》れさせておく

6 定期的《ていきてき》に体重《たいじゅう》を量《はか》る

7 日々《ひび》の健康《けんこう》チェックを行《おこな》う

8 健康状態《けんこうじょうたい》や年齢《ねんれい》に合《あ》わせたケージレイアウト

9 かかりつけの動物病院《どうぶつびょういん》を見《み》つけておく

10 定期的《ていきてき》に動物病院《どうぶつびょういん》で健康診断《けんこうしんだん》を行《おこな》う

もくじ

本書に登場する写真やイラストはイメージです。また、撮影に使用している用品や食べ物は実際の飼育には向かない場合がございます。実際にはかかりつけの獣医さんの指示に従い、正しい方法で飼育してください。

1章 ハムスターを知ろう

ハムスターはどんな動物なの？
自然ではどんな暮らしをするの？
ハムスターを飼うためにはまず
生態を知る必要があります。
ここでは、ハムスターを飼うなら
絶対に知っておきたい
ハムスターの種類や性格
からだのしくみなどを紹介します。

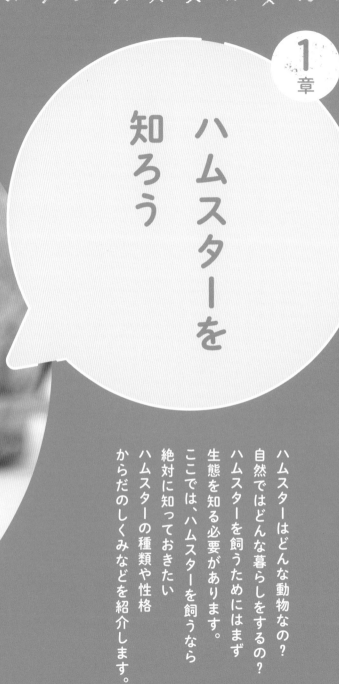

ハムスターってどんな動《どう》物《ぶつ》？

野生のハムスターの生態を知っておこう

小さくてかわいらしいハムスター。ペットとしての歴史は、犬や猫に比べると比較的短いといえます。

ハムスターを飼うにあたって、まずは野生のハムスターの生態を知っておきましょう。野生のハムスターはユーラシア大陸を中心に、乾燥《かんそう》した砂漠《さばく》地帯の寒暖差が激しい地域で暮らしています。そんな環境に置かれていることからハムスターは、一年中気温が安定している土の中に巣穴を作って暮らしています。

また、食べ物が豊富な環境ではないため、食べ物を見つけるとできるだけ多く巣穴に持ち帰ろうと、頬袋《ほおぶくろ》につめて、巣穴にためる習性があるのです。

このように、野生のハムスターがどのような暮らしをして、どのような習性を持っているのかを知ることで、ハムスターの行動が理解できるようになります。

地下に巣穴を
掘って暮らす

野生のハムスターは地面を掘ってトンネル状の巣穴で暮らしています。生息している乾燥地帯は、日中と夜間の気温差が激しい環境ですが、地中は気温の変化を受けにくく、温度を一定に保てるからです。巣穴にはいくつかの部屋が作られており、食べ物を置いておく部屋、寝る部屋、トイレなど用途ごとに分けて生活しているのです。

穀物《こくもつ》・種子《しゅし》が
主食

ハムスターはやや草食に近い雑食動物といわれています。野生では穀物や植物の種子、芽、葉っぱなどのほか、小さな昆虫類などを食べます。自分のなわばりで食べ物を探し、見つけた食べ物は左右にある頬袋に詰め込んで巣穴へと運びます。飼育下でも巣箱の中に食べ物を隠すのは、このような習性を持っているからです。

夜行性で
1日に
10～20kmも
移動する

昼間はほとんど、巣穴の中で眠って過ごしています。暗くなってくる夕方頃に起きて活発に動き始めます。夜の間食べ物を求めて走りまわるのです。その移動距離には個体差がありますが、ひと晩に10～20kmも走りまわるといわれています。そして、明るくなる前には巣穴に戻って眠りにつくのがハムスターの一日なのです。

野生では地面を掘って巣穴の中で暮らすため、なるべく同じように暮らすことができる環境に整える必要があります。からだの大きさに合ったケージを選び、その中には土のかわりとなる床材（▶p34〜35）をたっぷりと敷き詰めてあげます。床材を自分で掘ってその中にもぐり込むことで安心して快適に過ごせるのです。

たっぷりの
床材にもぐる

専用の
ペレットが
主食

野生のハムスターは穀物や植物の種、芽、葉っぱなどを食べていますが、ペットのハムスターの主食となるのはペレットです。穀類などを粉末にして固めたものが、ハムスター用のフードとして市販されています。ペレットと水を与えれば、必要な栄養がとれるので安心です。（▶p64〜67）

野生のハムスターは夜間に食べ物を探して走りまわります。ペットのハムスターは食べ物を探しまわる必要はありませんが、「走る」という行動もハムスターの本能を満たすためには大切なのです。ケージ内では運動量も限られてしまうため、回し車は必需品。地面を走ることができない分、夜になると回し車を回しているのです。

夜になると
回し車を回す

ペットとして幅広い年代から親しまれている

ハムスターの存在が世界中で広く知られるようになったのはそれほど昔のことではありません。日本でペットとして飼われるようになったのは1960年代以降のこと。その後、ハムスターを題材にした漫画やアニメで注目を集め、子どもから大人まで多くの人に親しまれ続けています。

ペットとして人間と一緒に暮らしていても、行動や性質は野生における生態がもとになっています。それを理解したうえで、どのような環境にしてあげたら良いのか、どのような食事を与えたら良いのかなど、本書を読んでくわしく知っておきましょう。

小さなからだでも、命の尊《とうと》さは私たち人間と同じです。ハムスターの習性にもとづいて、環境を整える、食事内容に気をつける、行動を理解することで、一日でも長く健康に暮らすことにつながるのです。

ハムスターの種類《しゅるい》

ゴールデンハムスター

体長／10 ～15cm
体重／オス 85～130g、メス 95～150g

ハムスターの中ではペットとして最初に飼育されるようになった種です。1930年にシリアで発見されたことからシリアンハムスターという別名も。おっとりした性格で人間になれやすい子が多いので、初心者にも飼いやすい種類です。

Golden Hamster

ネズミとハムスターは違う生き物

ハムスターは哺乳類《ほにゅうるい》のげっ歯類《しるい》に所属する動物です。哺乳類の中でも、げっ歯類に属する動物は最も種類が多いといわれ、からだの大きさもさまざまです。げっ歯類に共通しているのは、ものをかじるための前歯（切歯）が一生伸び続けるという特徴をもっているところです。

ハムスターとネズミは同じ生き物と思っている人もいるかもしれませんが、違う生き物です。げっ歯目から分類され、ハムスターやネズミは同じ「ネズミ亜目」に属するものの、そこからさらに分類され、「キヌゲネズミ亜科」に属するのがハムスターです。ネズミは「ネズミ亜科」になります。このように分類上の違いがあるだけではなく、からだにも違いがあります。全体的に丸っこくて、尻尾が短く、食べ物をため込む頬袋《ほおぶくろ》を持っているのがハムスターです。

ドワーフハムスター

Djungarian Hamster

ジャンガリアンハムスター

体長／オス 7～10cm、
　　　メス 6～8cm
体重／オス 35～45g、
　　　メス 30～40g

中国のジュンガル盆地に生息していたことが名前の由来。また、冬に毛が白色になる個体がいるので「ウィンター・ホワイト・ハムスター」という別名もあります。ドワーフの中では人なつこくて飼いやすい種類です。

Roborovski Hamster

ロボロフスキーハムスター

体長／ 4～6cm
体重／ 15～25g

ハムスターの中では最も小さく、動きが活発ですばっしっこいのが特徴です。臆病な子が多い傾向があります。

Campbell's Hamster

キャンベルハムスター

体長／オス 7～10cm、メス 6～8cm
体重／オス 35～45g、メス 30～40g

見た目はジャンガリアンと似ていますが、気の強い子が多い傾向があります。毛色が豊富な種類です。

ハムスターは大きく分けてゴールデンとドワーフ

日本でペットとして飼われているハムスターは、主に4種類です。この中でもからだの大きい種であるゴールデンハムスターと、からだの小さい種であるドワーフハムスターに分けられます。ドワーフハムスターには、ジャンガリアンハムスター、キャンベルハムスター、ロボロフスキーハムスターが含まれます。ドワーフは「小さい」という意味です。

ゴールデンとドワーフではからだの大きさ以外にも、臭腺《しゅうせん》の位置が異なっていたり、飼育する上でも多少の違いがあったりします。

ドワーフハムスターの中にチャイニーズハムスターも含まれますが、日本ではめずらしいようです。また、キャンベルハムスターはジャンガリアンハムスターとよく似ていることと、交配も可能なことから混同されがちですが、別々の種になります。

ハムスターのカラーバリエーション

ゴールデン
ハムスター

ゴールデン
（ノーマル）

ゴールデン
（キンクマ）

ゴールデン
（ノーマル長毛）

ゴールデン
（シルバー）

ゴールデン
（チョコレート）

ペットとしていろいろな毛色が生み出されている

野生のハムスターの毛色は茶褐《かっ》色《しょく》が基本でした。ペットとして繁殖《はんしょく》されているうちに、同じ種類のハムスターでもいろいろなカラーバリエーションが誕生しています。

ゴールデンハムスターの「ノーマル」は茶褐色に白い色がまだら状に入っています。特に人気があるのは全身クリーム色で耳の内側だけ黒いのが特徴の「キンクマ」です。他にも「シルバー」「チョコレート」「シナモン」「トリコロール」などの毛色があります。

ジャンガリアンハムスターで一般的な毛色は、黒褐色でおなかの部分だけが白っぽい「ノーマル」です。「ブルーサファイア」「パールホワイト」もよく見かけられます。キャンベルハムスターは「ノーマル」のほか、「ブラック」「チョコレート」などさまざまな毛色があります。ロボロフスキーハムスターは「ノーマル」がほとんどです。

ジャンガリアン（ノーマル）
ジャンガリアン（ブルーサファイア）
ジャンガリアン（イエロープディング）
ジャンガリアン（パールホワイト）

キャンベル＋ジャンガリアン（ムーングレー）
ロボロフスキー（ノーマル）
キャンベル（イエロー）
キャンベル（ブラックパイド）

めずらしい色や毛質などはブリーダーで入手を

それぞれのハムスターにはめずらしい毛色で人気があるものもありますが、見つけることが難しいことも多いようです。

また、ジャンガリアンハムスターで人気がある「パールホワイト」を選ぶときには注意が必要。ジャンガリアンハムスターの中には、冬になると毛色が白色になる個体がいるので、冬に白色だと思って購入したのに、夏になったらノーマルの毛色になったということもあります。パールホワイトを希望する場合は、夏に迎えるのも一案です。

ゴールデンハムスターには毛色の違いだけでなく、長毛種《ちょうもうしゅ》と呼ばれる毛が長い種類や、サテンと呼ばれるつやつやした毛質の種類があります。長毛種や珍しい毛質や毛色の種類は、ハムスターを専門に扱っているショップやブリーダーさんを通して入手すると良いでしょう。

種類別《しゅるいべつ》・ハムスターの飼《か》い方《かた》

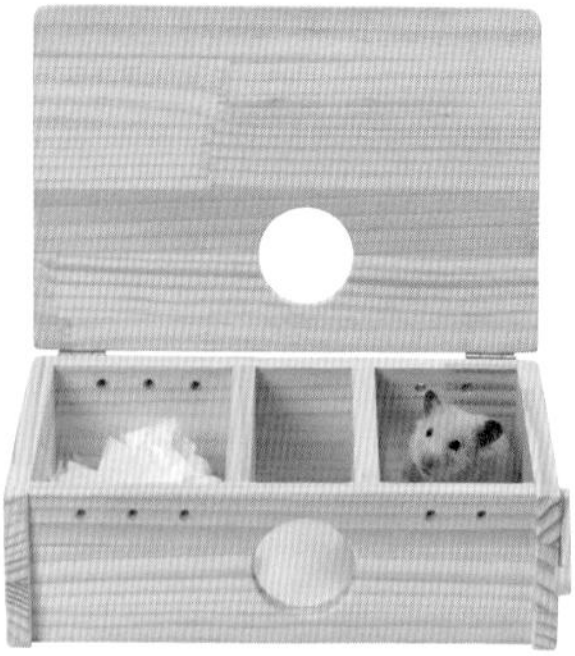

ゴールデンハムスターのグッズ選び

ケージや巣箱は広めのものを用意します。回し車が小さいと背骨に悪影響がでるので、必ずからだに合った大きさのグッズを選びましょう。

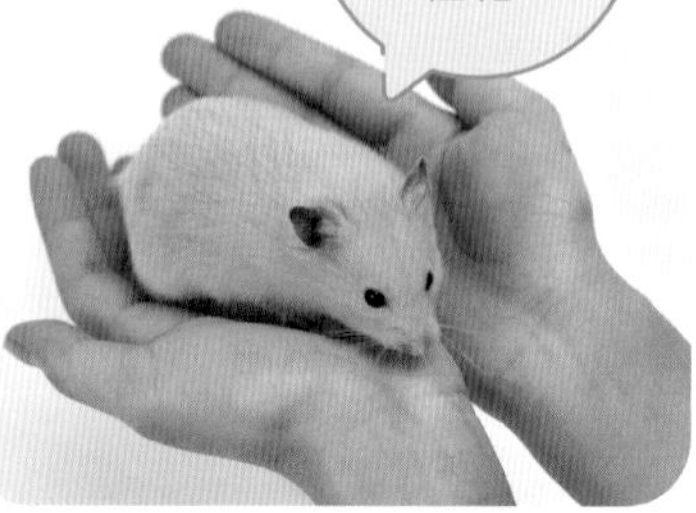

ゴールデンハムスターの性格

温厚でおっとりした子が多いですが、個体差があります。飼い始めから少しずつ人の手になれさせていくことが大事です。

ゴールデンハムスターの飼い方

なわばり意識が強いところがあります。生後3か月を過ぎたら、必ずひとつのケージで1匹ずつ飼育するようにしましょう。

ゴールデンハムスターは1匹ずつ飼育する

同じハムスターでも、ゴールデンハムスターとドワーフハムスターでは、大きさはもちろん、性質にも違いがあるので、それぞれに合った飼育を心がけることが大切です。

まずは明らかに違いがあるのが、からだの大きさです。市販のグッズにはさまざまなものがありますが、ゴールデンハムスターに合った大きさのものを選びましょう。

ドワーフハムスターに比べると、温《おん》厚《こう》でおっとりした性格の個体が多く、人になれやすいですが、個体差があります。できるだけストレスがかからないよう接することが重要です。上手に信頼関係を築いていきながら、人になれさせていきましょう。

また、なわばり意識が強いところがあります。多頭飼育の場合、ケンカを避けるためにも、必ずひとつのケージで1匹ずつ飼うことが基本です。

ドワーフハムスターのグッズ選び

からだが小さいので、大体のハムスター用品が使用可能です。掃除がしやすく、できるだけ快適に過ごせるものを選んであげましょう。

ドワーフハムスターの性格

ジャンガリアンハムスターは好奇心旺盛で人なつこい、ロボロフスキーハムスターは警戒心が強いなど、種類や個体によって性格に違いがあります。

ドワーフハムスターの飼い方

ゴールデンハムスターとは違い、相性が良ければ同じケージで飼育も可能ですが、できれば1匹ずつ飼う方が安心です。

性格の傾向は種類によっていろいろ

ゴールデンハムスターに比べて、からだが小さいのがドワーフハムスター。そのぶん、ケージやグッズなども小さめです。ただし、ケージは必要な飼育用品を置いても十分な広さがあるものを選びましょう。

性格は種類によって違いがあります。ジャンガリアンハムスターはドワーフの中でも比較的、人なつこい個体が多いようです。キャンベルハムスターはやんちゃ。ロボロフスキーハムスターは臆病《おくびょう》で警戒心《けいかいしん》が強い傾向があります。性格には個体差があるので、警戒心が少ない個体もいます。

また、ロボロフスキーハムスターは同じケージ内で何匹も飼うこと（多頭《たとう》飼育《しいく》）ができるともいわれます。ただ、同性だと思って一緒のケージに入れていたら、異性同士で、気づいたら繁殖《はんしょく》してしまったということもあるので注意が必要です。

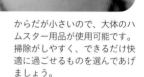

ハムスターのからだ

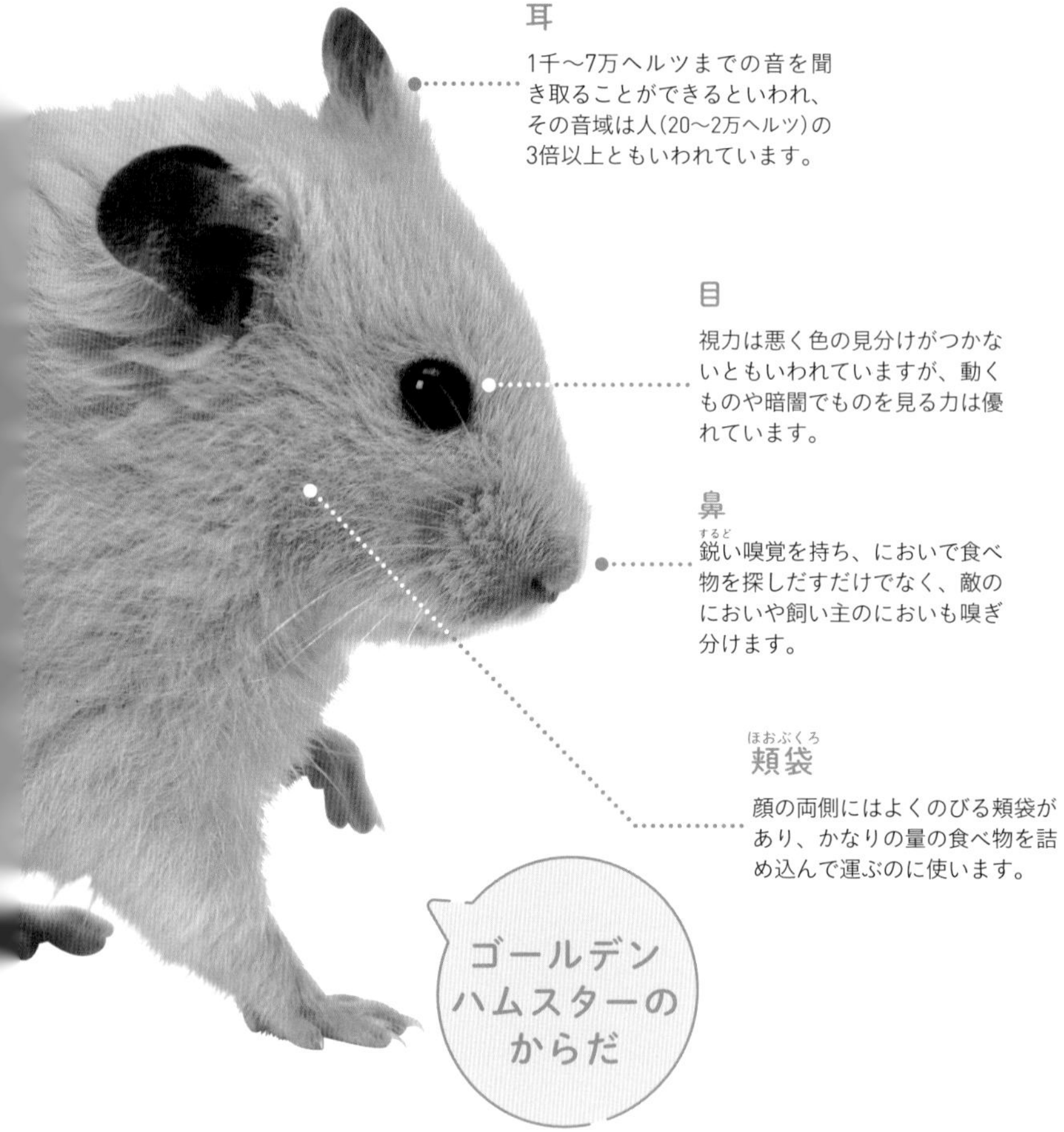
耳
1千～7万ヘルツまでの音を聞き取ることができるといわれ、その音域は人（20～2万ヘルツ）の3倍以上ともいわれています。
目
視力は悪く色の見分けがつかないともいわれていますが、動くものや暗闇でものを見る力は優れています。
鼻
鋭《するど》い嗅覚を持ち、においで食べ物を探しだすだけでなく、敵のにおいや飼い主のにおいも嗅ぎ分けます。
頬袋《ほおぶくろ》
顔の両側にはよくのびる頬袋があり、かなりの量の食べ物を詰め込んで運ぶのに使います。
ゴールデンハムスターのからだ

小さなからだを守るために必要な機能

野生のハムスターは猛禽類《もうきんるい》やイタチなど、いろいろな敵から狙われます。敵から身を守り、生き抜くために必要な機能がハムスターの体には備わっているのです。

ハムスターの特徴として、上下に2本ずつある前歯（切歯）や爪が生涯《しょうがい》伸び続けることがあげられます。これらは、かたいものをかじったり、運動をしたりすることで自然とけずられていくので心配ありません。

ゴールデンハムスターとドワーフハムスターでは、からだのしくみにおいても2つほど大きな違いが見られます。ひとつは自分のなわばりを主張したり、異性をひきつけるためのフェロモンを出す臭腺《しゅうせん》の位置。ゴールデンは腰のあたり、ドワーフはおなかです。もうひとつは手足の裏の毛。ゴールデンには生えていませんが、ドワーフの手足の裏には毛が生えています。

ドワーフ
ハムスターの臭腺

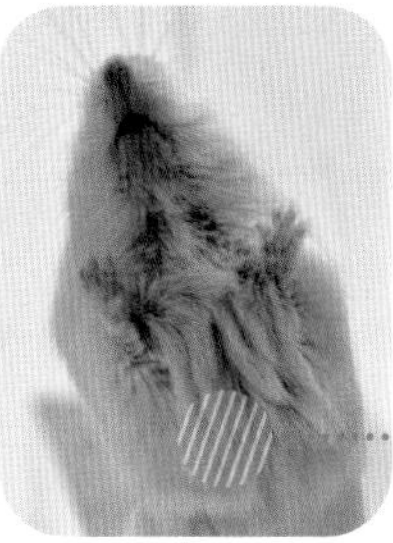

臭腺《しゅうせん》

ゴールデンとドワーフでは位置が違います。周囲の毛がしめっているように見え、子どものうちは分かりにくいですが、半年を過ぎる頃にはよく分かるようになります。

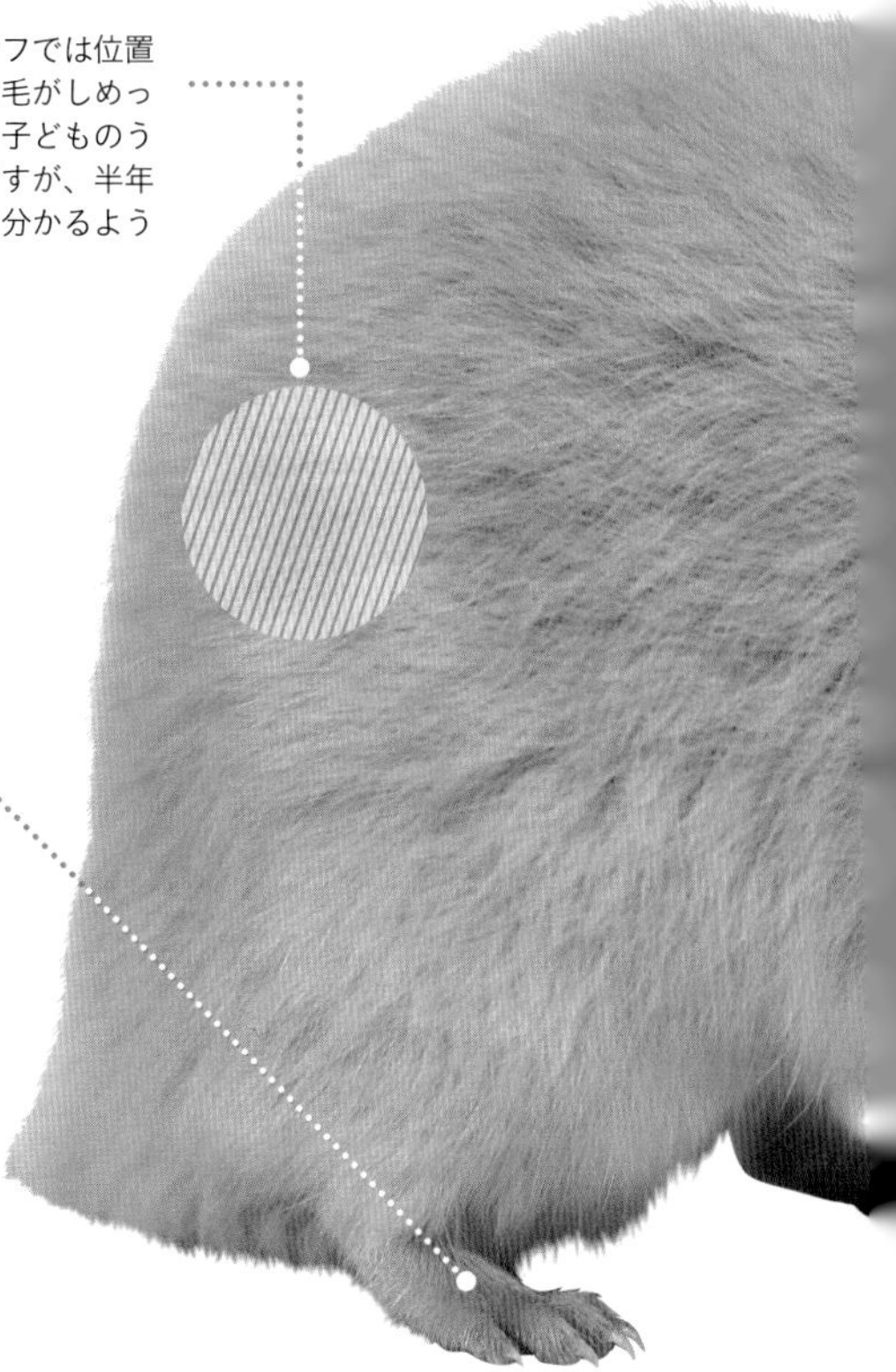

手足

手足の裏にある小さな丸いものは肉球。寒い地域が原産のドワーフハムスターは、手足の裏に毛が生えており、砂漠地帯が原産のゴールデンハムスターには毛が生えていません。

ゴールデン
ハムスターの手

ドワーフ
ハムスターの手

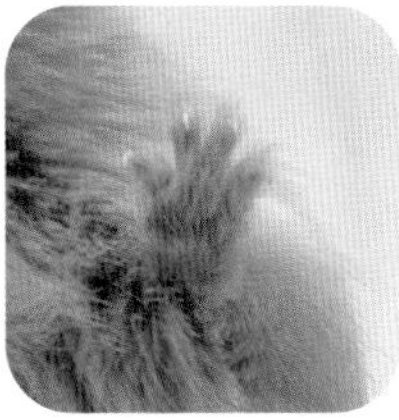

聴覚《ちょうかく》と嗅覚《きゅうかく》は人間より優れている

ハムスターは20㎝ほど先までしか見えないなど、人に比べると目はよくありません。そのかわり、聴覚と嗅覚はとても優れています。

人間には聞き取ることができないような超音波《ちょうおんぱ》を聞くことができ、食べ物や敵のにおいだけでなく、異性が出すフェロモンの情報もかぎ分けることができます。自分の身を危険から守り、必要な情報を得るために、聴覚や嗅覚をフル稼働《かどう》させているのです。

ペットとして人間と一緒に暮らすなかには、さまざまな生活音があふれています。全てにいちいち反応してストレスを抱えないように、少しずつなれさせておきたいもの。自分にとって危険ではないものだと学習すれば、テレビの音などは気にせず眠ってしまうこともあります。かえってそっと近づいてくる足音の方が危険を感じて警戒《けいかい》する個体も少なくないようです。

ハムスターの骨《こっ》格《かく》と器《き》官《かん》

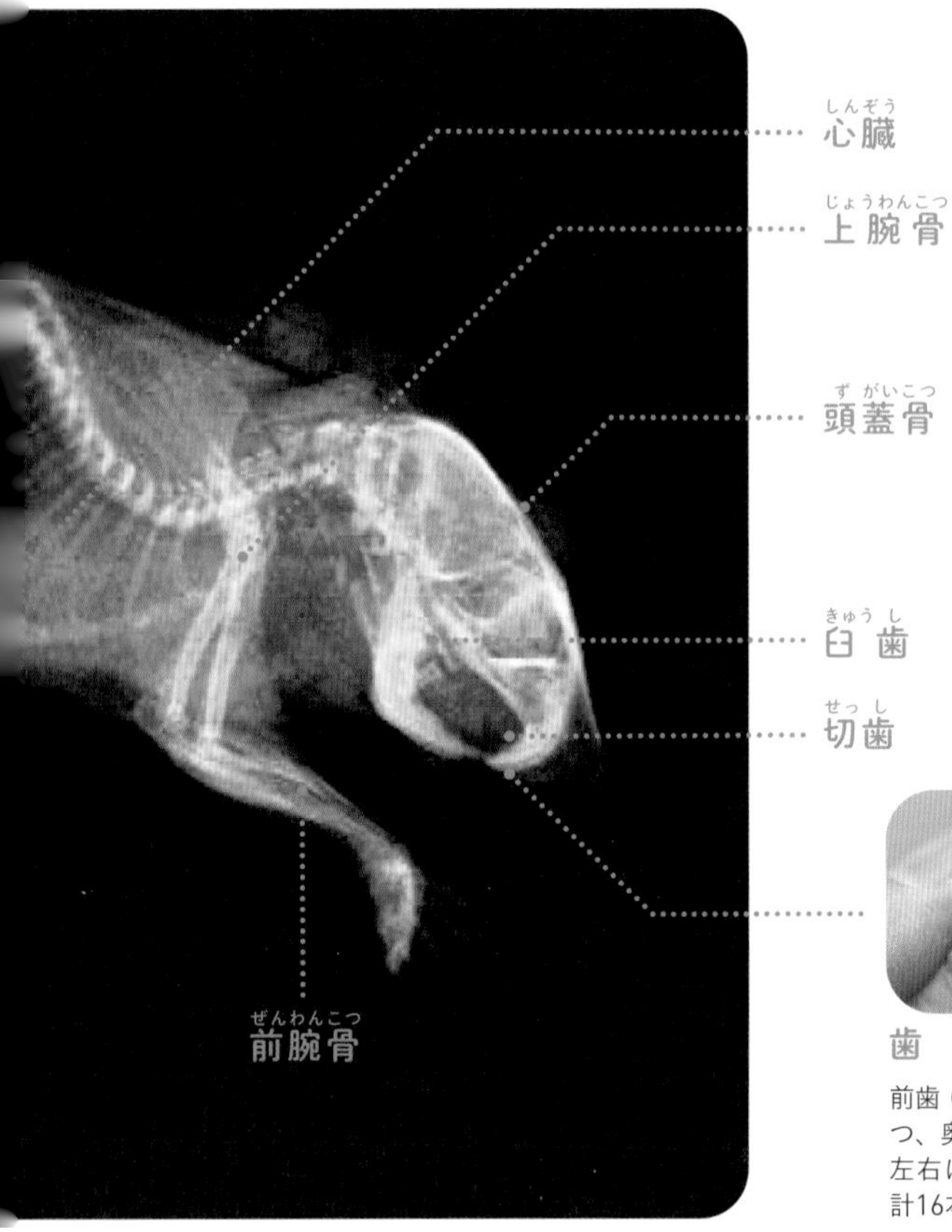

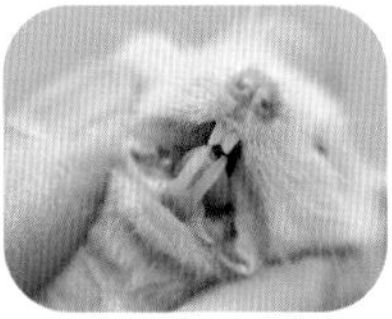

歯

前歯（切歯）は上下2本ずつ、奥歯（大臼歯）は上下左右に3本ずつ。歯は合計16本です。

骨は爪楊枝程度の太さで人間より数が多い

人間の手のひらにのるほど小さく、4本足でちょこまかと歩くハムスターですが、骨格のしくみや部位の名前などは人間と同じ。レントゲンで骨を見てみると、人間が四つんばいになった姿とよく似ています。

がっちりしたからだに反して骨はとても細くて弱い構造です。最も太い大《だい》腿骨《たいこつ》でもつまようじくらいの太さで、落下の際に着地に失敗したり隙間に手足が挟まったりすれば、簡単に折れてしまいます。骨が飛び出してしまう開放骨折も少なくありません。骨は、細いうえに数が人間より多く、複雑な構成をしているため、折れた部位によっては治療ができないこともあります。

人間との大きな違いは、あごの関節がもともとはずれていること。小さいのに大きく口を開けたり、からだの3分の1を超えるほどの大きさに頬袋をふくらませたりできるしくみです。

ハムスターの腸《ちょう》

栄養を効率よく吸収するため、小腸の長さは体長の2〜3倍もあるといわれています。

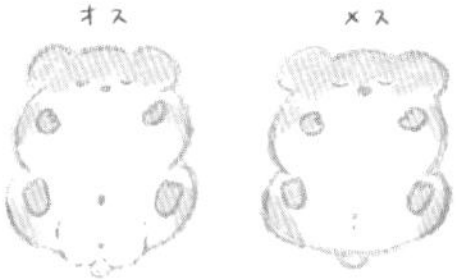

オスとメスの違い

肛門と生殖器が離れていればオス、近ければメス。オスは成長すると睾丸が大きくなります。

排泄《はいせつ》はどこから？

便は肛門から、尿は尿道口から排泄。メスは生殖器の上に尿道口があるのが特徴です。

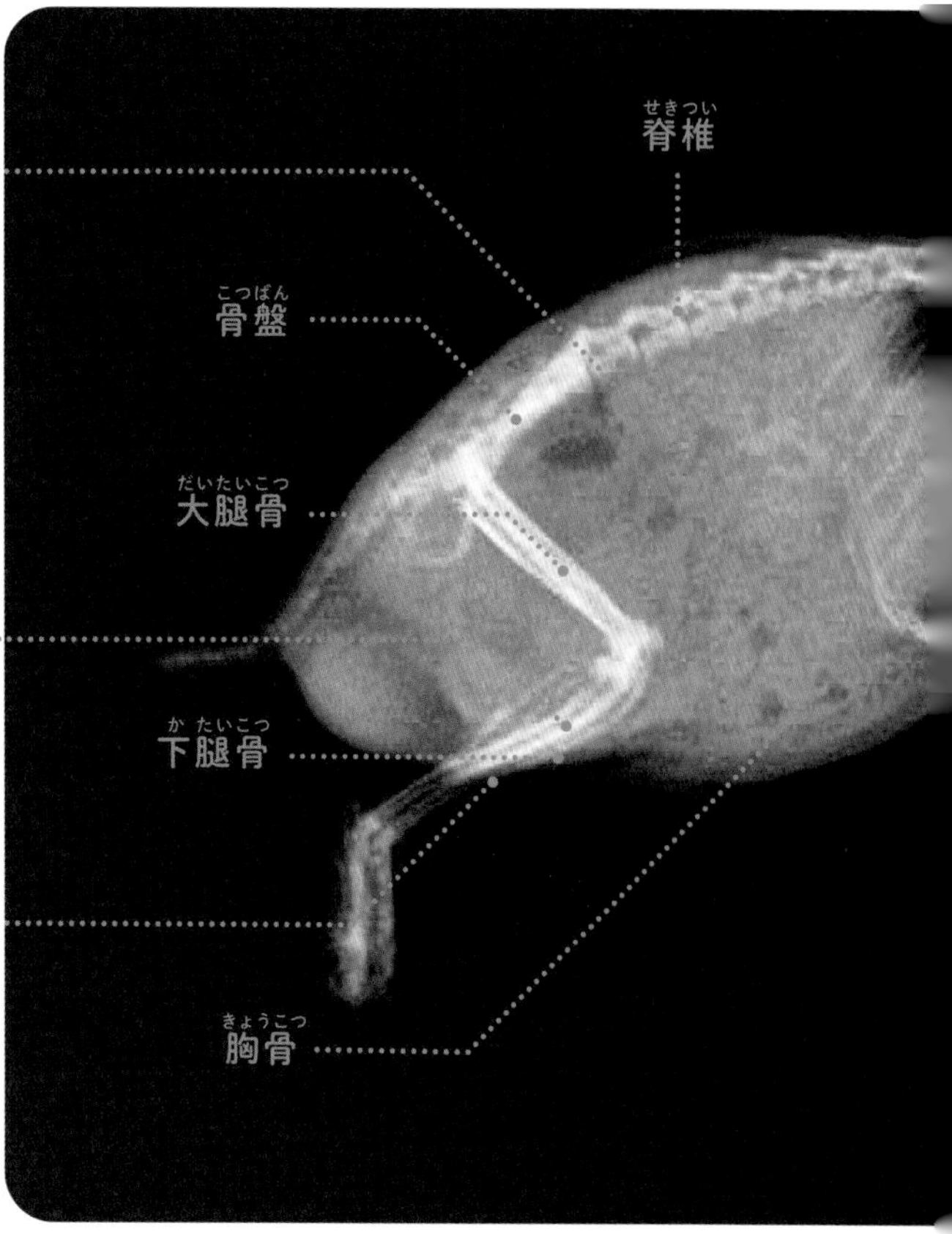

発達した消化管で効率よく消化・吸収

砂《さ》漠《ばく》地帯の動物なので、少ない水で生きられるからだになっています。水分の多い野菜を与えていれば、給水器から飲む量はごくわずか。それでも新鮮な水は必要です。

食べ物が少ない砂漠にいたなごりで、硬い穀類や種子でも効率よく消化・吸収できる消化管をもっています。まずは前胃と後胃の2つに分かれた胃でしっかり消化し、長い小腸や結腸で時間をかけて栄養を吸収します。発達した盲腸では微生物の力で食物《しょくもつ》繊維《せんい》を炭水化物に変えて一旦排泄《はいせつ》し、再び食べることで栄養を余すところなく摂取するしくみです。

ハムスターは目が悪いため、においで情報収集やコミュニケーションを行います。自分のにおいがついている場所では安心できるのも理由でしょう。オスはにおいを出す臭腺《しゅうせん》が発達し、なわばりやメスへのアピールに使います。

ハムスターの寿命《じゅみょう》と一生《いっしょう》

生まれてすぐ動くことができ、母親のおっぱいにたどりつけます。

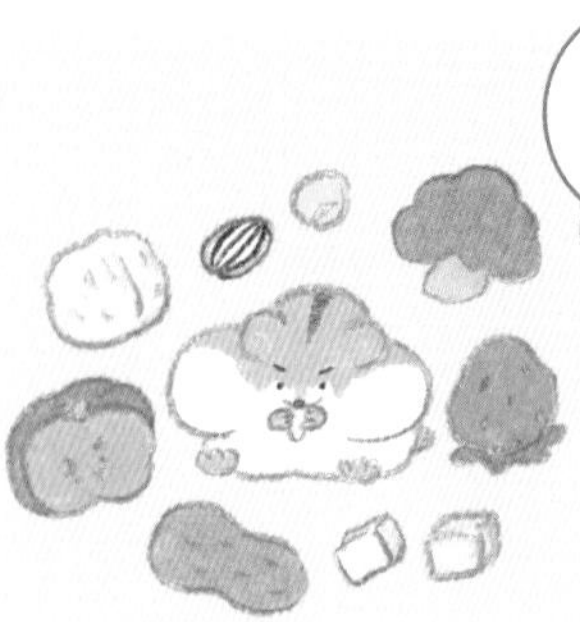

すっかりおとなになりました。繁殖は2カ月頃から可能になります。

自力では移動することができず、大人のお世話を必要とします。

成長期を迎え、次第に大人の体になっていきます。

人間の30倍で歳をとる 4歳を超えたらご長寿

ハムスターは約2ヶ月でおとなになり、その後は人間の約30倍のスピードで歳をとっていきます。ハムスターの1日が人間の1カ月と考えれば、その速さがわかるでしょう。

生きる時間の違いには、心臓が打つ脈《みゃく》の速さも影響しています。一生の間の脈拍は、あらゆる動物に共通して約15億回。人が1分間に約60回なのに対し、ハムスターは約500回にも及びます。猛《もう》スピードで生きていると考えれば、日々の世話やコミュニケーションを大切に過ごせるようになるでしょう。

ハムスターをお店で入手できるのは、生後約1カ月からです。2カ月齢でおとなになり、繁殖《はんしょく》も可能に。1歳6カ月頃には老いの兆候が現れ、3歳にもなれば高齢者です。人間の年齢に換算して考えると寿命は3歳前後ですが、なかには4歳を超えて長生きするハムスターもいます。

外見の変化は少ないかもしれませんが、老いの兆候が現れます。

外見もすっかりシニア。歯が弱って硬いものを噛めなくなります。

成熟した大人になりますが、同時に体力の低下を感じ始める頃。

男女ともに平均寿命を超えたご長寿。持病を抱える人が大半です。

平均寿命は2〜3歳以上
長生きを目指そう

ハムスターの本来の寿命は約3歳と考えられますが、個体や種類によって異なります。病気やケガによって1〜2歳で亡くなることもあり、平均寿命は2〜3歳くらいでしょう。

小さいので気温や環境の変化に影響されやすく、すぐ病気になってしまいます。ちょっとした傷が命に関わることも珍しくありません。

大きいゴールデンの場合、3歳以上まで長生きすることが多いものの、小さいジャンガリアンやロボロフスキーは3歳前後が寿命です。体が小さい種類ほど繊細《せんさい》なので、飼育環境を整える必要があります。

ハムスターは、寿命が短いからといって気軽に飼えるペットではありません。むしろ本来の寿命をまっとうさせるのが難しい動物ともいえます。ハムスターが長生きできるように健康管理を怠《おこた》らないように気をつけましょう。

ハムスターを飼《か》う前《まえ》に

ハムスターは飼い主さんがいなければ生きられません。迎えてから毎日のお世話は必須です。年齢に応じたケアも心がけてください。

食事や床材はもちろん、病気を治療する医療費や温度管理の光熱費まで考えましょう。お金がないからと治療を行わないのは虐待と同じです。

生き物の本来の習性にもとづいて飼育することが幸せにつながります。本書を読み終わってからハムスターを迎えましょう。

毎日のお世話をかかさず幸せに育てる自覚を

生き物を飼育するときは、命をまっとうするまで責任をもって世話をする心がまえをもちましょう。小さなハムスターは気軽に飼えるペットと思われがちですが、生きていくためには人間の手が必要な動物です。幸せに過ごせるかどうかは飼い主さんのお世話にかかっています。

ハムスターの習性を理解して適切な食事や環境を与えれば、3歳以上まで生きることもあります。毎日の食事、散歩、掃除、ふれあいなどをかかさず時間をかけて行い、自分の手で生き物を育てる自覚をもちましょう。

十分なお世話をするためには、さらに費用も必要です。最初にそろえる飼育用品だけでも、ハムスターの値段を超えてしまうでしょう。さらに毎日の食事や定期的に交換する床材などの費用、万が一の時の医療費なども確保しましょう。

ハムスターの値段

ハムスターは1匹1000～3000円で販売されています。性別差はほとんどなく、月齢が上がるほど安くなります。希少な種類は高額になる場合も。

ケージの置き場所を決めておく

安全や温度の管理がしやすい部屋を選び、ケージを置くスペース（▶p50）を確保。留守に備えて代わりにお世話をしてくれる人も見つけておきましょう。

飼育用品をそろえる

先に飼育用品を買ってからハムスターを迎えましょう。同時に買うより荷物が少なく、落ち着いて準備ができます。

先に飼育環境を整え動物病院も決める

ハムスターを迎える前に、飼育する予定の部屋の環境や温度を確認することが大切です。適さない環境では、体調を崩して命を落とすことになりかねません。先に飼育環境を整えて迎える準備を済ませましょう。

また、ハムスターを診てくれる動物病院や獣医さんを探しておくことも重要です。犬猫を中心に診察する動物病院が大半なので、ハムスターの病気やケガに対応できるとは限りません。まずは近隣の動物病院に問い合わせましょう。エキゾチックアニマル専門の動物病院もありますが、遠方では緊急のときに間に合わない可能性があります。

飼育用品にはさまざまな種類があり、ハムスターによって好みもあります。まずはケージ、床材、巣箱、トイレ、フード入れ、給水器などの基本のアイテムをそろえて、様子を見ながら買い替えても良いでしょう。

ハムスターを迎《むか》えよう

ハムスターにくわしいスタッフがいれば、選び方も相談できます。飼育用品もそろっているお店が便利です。

ペットショップで購入

ケージの中が清潔に保たれているペットショップを選びましょう。より良いお店を選ぶ目安になります。

おとなになったハムスターは1匹ずつ飼育するのが基本。習性にくわしいお店では別々のケージに入れています

活動を始める夕方以降に性格をチェック

ペットショップからハムスターを飼うときは、知識が豊富なスタッフがいるところを選びましょう。種類や習性などの説明を受けてから迎えたほうが、家庭に合うハムスターを迎えられるからです。良い環境を整えて適切な世話もできます。

夜行性のハムスターは日中に休んで夕方頃から活発になります。活動しているほうがそれぞれの性格も見きわめやすいので、ペットショップには夕方以降の時間帯に行きましょう。

同じ種類でも個性があるので、選ぶときは実際にふれあって確認するのがおすすめ。手を差し出したときに近寄ってくるタイプはなつきやすく、初心者に向いています。逆に逃げたり噛んだりするタイプは、警戒心《けいかいしん》が強くてなつきにくい傾向があるので注意。元気なハムスターを選ぶ方法はp88を参考にしてください。

里親になる

◎ 無償での譲渡が基本

譲渡は無償が基本。アレルギーや引っ越しなどのやむを得ない事情で里親を募集しているハムスターは、丁寧にお世話をされていた子が多いです。性格や好物などの情報の提供に加え、飼育用品のセットも引き取れる場合も。

△ 条件がきびしい

譲渡の条件がきびしく、引き取りの対象外になってしまうことがあります。無責任な人に飼われていた場合、良くない飼育環境が原因で体調が悪かったり、人になつきにくくなっていたりすることも。

ブリーダーから購入

◎ 珍しい種類に出会える

ハムスターの両親も見学できるので、将来を想像しやすく、家庭に合うタイプを迎えやすいでしょう。珍しい種類や毛色にも出会えます。飼育について相談したときに的確なアドバイスをもらえるかもしれません。

△ 数が少ない

ブリーダーの数が少ないため、迎えようと思ったら遠方に出かける必要があります。長時間の移動はハムスターに負担になる可能性も。

トラブル防止の契約書を交わす

事情があって飼えなくなった人から引き取った動物保護団体や、里親を募集している人から迎える方法もあります。主にネットのペット譲渡《じょうと》サイトで検索できますが、里親の条件を設けているケースが大半。ハムスターのためなのでよく確認しましょう。

条件をクリアしている場合、性格や健康などの情報を読んで、家庭に合うかどうかを確認しましょう。動物保護団体では、2週間前後「トライアル（試しに飼う）期間」を設けています。また、ハムスターを守り、トラブルを防ぐための「譲渡契約書《じょうとけいやくしょ》」を取り交わすところも増えています。

ハムスターを繁殖しているブリーダーや友人から直接迎える方法もあります。ブリーダーはネットで検索して、近くであれば見学してみましょう。友人から引き取る場合も契約書を交わしておくことが大切です。

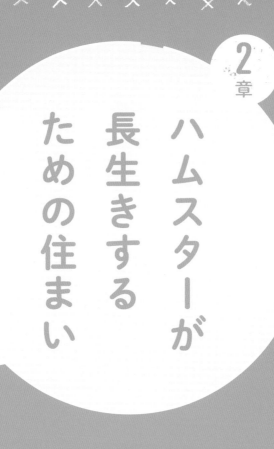

2章 ハムスターが長生きするための住まい

ハムスターの暮らしに
欠かせないのが住まい
つまり「家」です。
ハムスターを飼うために
必要なグッズは何か
ハムスターが暮らしやすい家とは
どのようなものなのか
ここではひとつひとつ
くわしく紹介します。

ハムスターに必要《ひつよう》な設備《せつび》

快適に過ごせるように準備をしてあげよう

ケージ（▶p30）
素材や大きさが異なるいろいろな種類のケージがあります。

巣箱《すばこ》（▶p36）
穴の中で暮らす習性があるので暗くて狭い場所を用意します。

床材《とこざい》（▶p34）
ハムスターは地面に穴を掘る習性があるので、必ず床材を敷きましょう。厚めに敷くことで、ケガの防止にもつながります。

フード入《い》れ（▶p40）
食べた量を把握するためにも、必ずフード入れを使いましょう。ハムスター専用のものがベストですが、大きさが適切であればどんなものでも大丈夫です。

※撮影のため、ケージの上部を取りはずしています。

ハムスターを健康に育てるために、まずは必要となるものを用意して、飼育環境を整えましょう。

ケージは1匹にひとつずつ用意するのが基本です。ハムスターはなわばり意識が強いため、単独で飼育しないとケンカになってしまいます。相性だけではなく、繁殖《はんしょく》の問題も出てきます。1匹でいるのは寂しいのでは、と思うかもしれませんが、1匹でのびのびと暮らしている方がストレスを感じないのです。

ケージと一緒に、必ず準備したいものが、床材、フード入れ、給水器（水入れ）、回し車、巣箱、トイレです。それぞれどのようなものを選ぶのが良いかは、次のページから詳しく紹介していきます。

かじり木、おもちゃ、暖房器具、砂場なども必要に応じて準備し、ケージ内を安全・快適に整えてあげましょう。

回《まわ》し車《ぐるま》（▶p38）

夜中に走りまわる習性なので、運動のためにも回し車は必要です。回し車がないと、ストレスや肥満の原因となるため、獣医さんの指示がない限りは必ず設置しましょう。

給水器《きゅうすいき》（水入《みずい》れ）（▶p40）

体がぬれないよう、水を入れたお皿ではなく専用の給水器を設置します。おやつとして生野菜などを与える場合にも、給水器は設置した方が良いでしょう。

トイレ（▶p42）

トイレを覚えさせるために、設置します。必ず必要なわけではありませんが、あったほうがケージ内を清潔に保ちやすいでしょう。

こんな病気に気をつけよう

ケガ ▶ p132

他のハムスターとケンカになってケガをさせないためにも、1匹にひとつのケージを用意することが大切です。また、ケージ内に必要な用品を配置するにあたって、大きな段差をつくらないようにしておきましょう。段差からうっかり落ちて、ケガだけでなく骨折の可能性もあるからです。くれぐれも気をつけましょう。

ケージ

プラスチックケージ

◎ デザイン豊富で掃除もラクチン

ハムスター用ケージのなかで最も一般的なプラスチックケージは、さまざまな形や色の商品が販売されています。給水器や回し車がセットになっていることが多く、軽くて掃除もしやすいため、初めてハムスターを飼う人におすすめです。

△ 傷がつきやすい

プラスチック製のため、ガラス製に比べて傷がつきやすく、中の様子が見えづらいことがあります。また、複雑なデザインのケージは段差が大きかったりと、危険がひそんでいるため注意が必要です。

タイプ別の良い点・悪い点を理解しておこう

ハムスターを飼うには、まずケージが必要です。ケージの中に巣箱やフード入れ、給水器、回し車、トイレなどを設置します。ハムスターにとってケージは睡眠や食事をとる家であり、体を動かす運動場でもあります。必要なものを設置したうえで、ハムスターが快適に生活できる大きさのものを選んであげましょう。

また、ケージを選ぶ際に重要なポイントには「掃除がしやすいかどうか」ということもあげられます。ハムスターの健康のためには、ケージ内を常に清潔に保つことが欠かせません。ケージ内が汚れていると、目や耳、皮膚の病気などを引き起こす可能性があるからです。

ハムスター向けのケージにはいろいろな種類があります。それぞれの良い所と悪い所を理解した上で、ケージを選びましょう。

金網《かなあみ》ケージ

◎ 通気性が良く軽い

金網ケージは通気性がよく、軽くて持ち運びしやすいという特徴があります。昔からハムスターケージの定番とされてきたこともあり、お世話がしやすい初心者向けのケージです。

△ よじ登ったり かじったりしてしまう

よじ登って落下したり、金網をかじって歯が曲がったりしてしまう危険性があるため、注意が必要。

水槽《すいそう》ケージ

◎ インテリアとしても◎

ガラス製の水槽は、オシャレで部屋のインテリアにもなじみやすいデザイン。ハムスター専用ではないので給水器や回し車を別に取り付ける必要があります。

△ 天井の脱走対策は必須

天井がない水槽を使用する場合は、ハムスターが脱走しないための工夫が必要です。通気性の良い天井を取り付けましょう。

見た目のデザインよりも快適さや安全を重視しよう

ケージは、材質によっていくつかの種類に分けられます。また、部屋に置いた時におしゃれだったり、かわいいものだったり、デザインも豊富です。ただ、見た目のデザインだけではなく、あくまでもその中で暮らすハムスターの快適さや安全性を考えてあげることが最も重要です。

金網ケージは昔からあるもので、風通しがよく、湿気やにおいがこもらない、夏は涼しいなどの利点があります。ただ、金網をかじって歯をいためたり、よじ登って転落したりする可能性もあります。

水槽ケージも人気がありますが、ガラス製のものは重く、取り扱いに注意が必要な場合もあります。市販されているなかには、ハムスター専用ケージとして天井部分のみが金網で、底や側面はプラスチックになっているタイプもあります。

地下型巣箱

野生のハムスターは地面に穴を掘って暮らしています。そんなハムスターの習性を考えて、地下と地上の2層に分けた巣箱を自作している飼い主さんもいます。

からだの大きさに応じてケージを選ぶ

ケージの広さは、ハムスターのからだに合わせることが大切です。ゴールデンとドワーフでは、当然からだが大きいゴールデンの方が広いケージになります。

野生なら食べ物を探して1日に何十kmも移動するハムスター。それだけにケージが狭すぎると運動不足やストレスの原因にもなりかねません。回し車などの必要な飼育用品を置いても、ある程度の余裕がある広さのケージを選びましょう。

また、ハムスターはなわばり意識が強い面があります（▼p28）。同じケージ内で複数飼いするとケンカによるケガだけでなく、最悪の場合は命に関わる可能性も。性格には個体差があるので、全てのハムスターがそうとは限りませんが、ケンカによる事故を防ぐためにも、「ひとつのケージに1匹ずつ」を基本にしましょう。

ケージの大きさ

ハムスターの種類ごとに適切な大きさのケージを選ばなければ、ストレスやケガの原因となりかねません。また、高さが低いケージは天井の金網にぶらさがって「うんてい」をしてしまい、落下の危険性も。ハムスターが天井に届かない高さのケージを選ぶことも大切です。

ゴールデンの場合
幅60cm×奥行45cm×高さ30cm 以上

ドワーフの場合
幅45cm×奥行30cm×高さ25cm 以上

こんな病気に気をつけよう

ケガ ▶ p132

ケージの中には二階建てや三階建てのタイプも多く販売されています。見た目もかわいく、生活するスペースも広くて快適に見えます。しかし、からだの小さいハムスターにとっては高い場所からうっかり転落するとケガや骨折の原因になりかねません。使用したい場合は、クッションとなる床材を特に厚く敷いてあげましょう。

不正咬合 ▶ p102

金網ケージをハムスターがかじることで、前歯が曲がり「不正咬合」になる可能性があります。横向きの金網はハムスターがかじりやすいほか、金網をよじ登って転落し、ケガや骨折をする場合もあるため、特に注意が必要です。使用したい場合はかじらないようにしつけて、落ちても痛くないように床材をたっぷり敷いてあげましょう。

床《とこ》材《ざい》

◎ アレルギーの心配がない

紙製のペーパーチップはアレルギーを起こす心配がなく、間違えて食べてしまっても安全です。白いペーパーチップを使えば、おしっこの汚れがひと目で分かります。

△ 新聞紙やティッシュは注意

細かく刻んだ新聞紙で代用も可能ですが、インクが体についてしまうことがあるので注意。また、ティッシュペーパーは薄いので、間違って食べないよう注意しましょう。

素材によって合った床材を選んで敷き詰めてあげよう

野生のハムスターは、地面に穴を掘って暮らします。土の代わりに掘ったりできるよう、ケージの底に敷き詰めてあげるのが床材です。

ハムスター用の床材として市販されている主なものには、ペーパーチップと呼ばれる紙製のもの、ウッドチップと呼ばれる木材を切って細かくしたものがあります。それぞれ良い所と悪い所があるので、ハムスターに合った床材を選びましょう。

寒い時期は床材にもぐってからだを温めることもあります。床材の量は、ハムスターがもぐった時にからだが完全にかくれるくらいが目安です。

ペットショップから連れて帰る時には、それまで過ごしていたケージのにおいがついた床材を少しもらっておくようにします。新しいケージの巣箱近くに、においがついた床材を敷いて安心させてあげましょう。

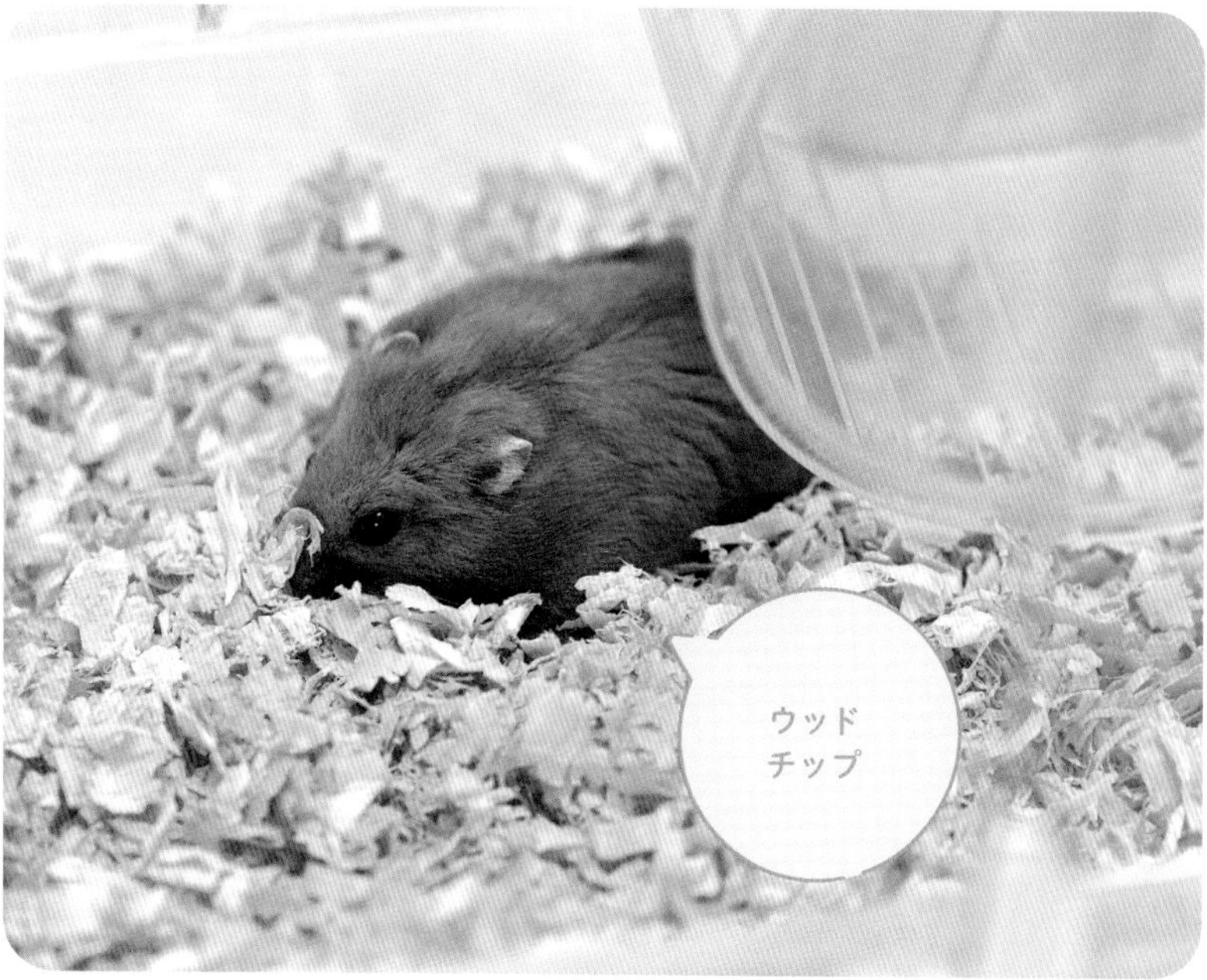

◎ 安くて一番使われている床材

木を細かくしたウッドチップは、ハムスター用の床材として最も一般的。安くてどのペットショップでも買うことができます。杉や松などの針葉樹タイプと、ポプラや白樺などの広葉樹タイプがあります。

△ アレルギーの原因になることも

木くずの状態によっては粉が舞い上がり、ハムスターや人間がアレルギーを起こすことも。風通しの良い場所で使用するほか、症状が見られたらすぐに病院に行きましょう。

こんな病気に気をつけよう

アレルギー性皮膚炎

▶ p108

めったにありませんが、ハムスターの中にはウッドチップの床材でアレルギーを起こしてしまう子もいます。もしもかゆがっていたり、皮膚が赤くなっていたりしたら、動物病院へ。獣医さんと相談して、床材別の素材に変えるなどの対策をとるのが良いでしょう。

巣《す》箱《ばこ》

かじっても安心な素材で お手入れしやすいものを

野生のハムスターは、地中にせまくて暗い穴を掘って暮らしています。作った巣穴にはいくつかの部屋があり、食べ物を蓄える部屋、トイレ、寝室などを使い分けています。

　そんなハムスターの習性を踏まえて、ペットとして飼う場合もケージ内に巣箱を置いて、せまくて暗い場所を用意してあげましょう。

　巣箱は寝室として利用するだけでなく、中で食事や毛づくろいをすることもあるので、ある程度の広さが必要です。

　いろいろな素材の巣箱が販売されています。ハムスターは暑さや寒さに弱いので、暑い時期はひんやりしている陶器、寒い時期は陶器よりも温かく過ごせる木製にするなど、季節に合わせて巣箱を使い分けても良いでしょう。かじっても安心な素材や掃除がしやすいなども選ぶ際の重要なポイントです。

木製

◎ かじっても安心な自然素材

最も一般的なのが木製の巣箱。自然素材のためかじっても安心です。さらに、木をかじることでストレスや歯の伸びすぎ防止にもなります。

△ 水洗いはしないほうが良い

水にぬらすとかわきにくく、水洗いには向いていません。おしっこなどで汚れた場合は買い替えが必要です。

陶器

◎ 水洗いできて衛生的

陶器の巣箱は汚れても簡単に水洗いできるので、衛生的で安心です。ひんやりしているので夏場に最適。

△ サイズが小さめ

かわいいデザインが多いものの、おとなのゴールデンハムスターには少し小さいことがあります。ハムスター3匹分くらいの大きさがベストです。

いざというときのために

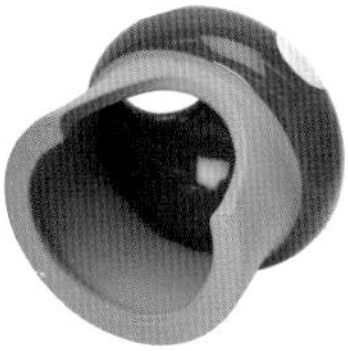

◎ 底がない巣箱なら安心

ハムスターは体調が悪いことを隠したがります。巣箱から出てこなくなったら病気の可能性があります。底がないタイプや屋根がはずせるタイプの巣箱であれば、中の様子を確認できます。

△ 巣箱をいじられるとストレスの原因に

意味もなく巣箱をひっくり返すと、ハムスターが巣を荒らされたと思ってストレスを感じます。掃除や病気の時以外はなるべく触れないようにしましょう。

手作り巣箱

◎ お手入れが楽ちん

牛乳パック、お菓子やティッシュの空き箱などを使って巣箱を手作りしても良いでしょう。汚れたら牛乳パックは水洗いができ、空き箱は簡単に取り替えできるので便利です。

△ すぐボロボロになってしまう

耐久性がないため、かじってボロボロにしてしまうことも。

こんな病気に気をつけよう

腸閉塞 ▶ p116

市販の巣箱にはプラスチックや布でできたかわいいものがたくさんあります。プラスチック製は水洗い可能ですが、かじる力が強いと破片を飲み込んでしまう恐れがあります。布製は保温性があるので冬場に便利そうですが、こちらも布をかじって中のワタを飲み込み、腸閉塞を引き起こす場合があります。巣箱の素材には注意しましょう。

回《まわ》し車《ぐるま》

◎ プラスチック製なら
掃除も簡単

プラスチック製は汚れても水洗いできて掃除が簡単。ケージに取り付けるタイプとケージの床に直接置いて使用するタイプがあります。

△ 隙間があると
ケガの原因に

隙間があるとケガの原因に。隙間やがたつきがない安全な回し車を選びましょう。

回す音の心配だけでなく サイズ選びや仕様にも注意

ハムスターといえば、回し車をせっせと回しているイメージをもつ人も多いでしょう。これは、回し車で遊んでいるわけではありません。

野生のハムスターは、1日に10～20㎞も移動するといわれています。ペットとして飼う場合、せまいケージ内では運動不足になってしまうため、健康なハムスターであればケージ内に回し車の設置が必要になります。

夜行性のハムスターは、夜の間回し車をよく回し続けます。音がうるさいのが気になる場合は、回す音が静かなタイプを選んでおけば安心です。

また、安全に回せるようにするためには回し車のサイズ選びも大切です。ドワーフなら直径15㎝前後、ゴールデンなら直径21㎝前後のものを選びましょう。からだに対して回し車が小さいとトラブルの原因に。からだの大きさに合ったものを選ぶことが大切です。

◎ ハムスターのからだに合った大きさを選ぶ

回し車には、直径が14cm程度の小さいものから、デグーなどの大きなネズミにも使用できる30cmほどのものまで、さまざまな大きさがあります。乗った時に回し車の中心(軸)がハムスターの背中より上にくる大きさが丁度良いサイズです。

回し車の適切な大きさ

△ 小さすぎると脱毛の原因に

からだの大きさに合わない回し車を使うと、上手に回せないだけでなく、回せたとしても背中が軸にぶつかって脱毛の原因にもなるので注意を。ドワーフは14～15cm程度、ゴールデンは18～21cm程度の回し車を使用しましょう。

こんな病気に気をつけよう

ケガ ▶ p132

はしごのようになっているタイプの回し車がよくイメージされますが、隙間が開いているため、走っている最中に足をひっかけて骨折するなど、ケガの原因になる可能性があります。安全に思い切り走れて、運動不足を解消するためには、隙間が無いタイプの回し車がおすすめです。

フード入《い》れ・給《きゅう》水《すい》器《き》

◎ フード入れを使えば食べた量がわかる

ハムスターにフードを与えるときは、必ずフード入れを使うようにしましょう。汚れたら洗えるので清潔に保つことができます。また、食べた量を知っておくことで、体調の変化にも早く気付くことができます。

△ 大きすぎはNG

フード入れにもさまざまな大きさがあります。大きすぎるとハムスターが中に入ってしまうので注意しましょう。

専用グッズじゃなくてもOK!

ハムスター専用のグッズ以外でも、大きさが合えば何を使ってもOKです。ひっくり返さないように、なるべく陶器製の重みがあるお皿を使いましょう。

衛生面や健康面も考えて専用の容器がおすすめ

専用のフード入れと給水器も欠かせない飼育用品です。

フードを入れるお皿は、からだに対して大きすぎたり、深すぎたりしない容器にします。高さがあるとなかなか届かなくて食べにくいもの。中に入って食べてしまうと、衛生的にも良くありません。

反対に小さすぎても1日に必要な量が入らなかったり、ひっくり返しやすかったりすることも。フードが取り出しやすい大きさを選びましょう。

給水器は、ハムスターのからだがぬれてしまうのを防ぐためにも、必ず小動物専用のものを使うようにします。ハムスター専用ケージには給水器がセットになっている場合がほとんどです。ハムスターが1日に必要とする水は10mℓほどですが、80~120mℓの水が入る大きさのボトルを用意しておくと良いでしょう。

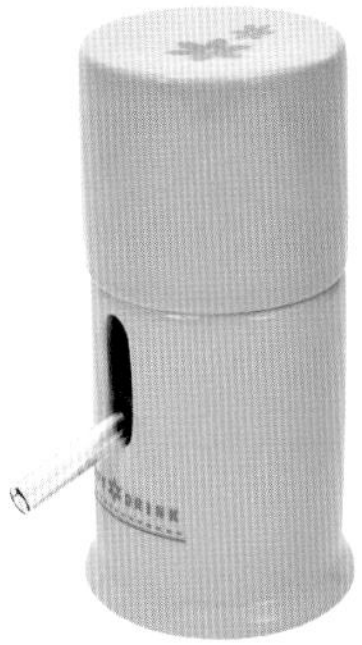

据え置きタイプ

◎ どんなケージにも設置できる

水槽や手作りケージなど、壁・天井に給水器を取り付けるスペースがない場合にも、置くだけの給水器なら簡単に設置可能です。

△ スペースをとるので広いケージに

床のスペースを大きくとるため、ケージは広めのものを使用するのが良いでしょう。

吊り下げタイプ

◎ 省スペースで交換も簡単

ケージの天井から吊り下げるタイプの給水器は、スペースをあまりとりません。ケージの外側からはめ込むタイプなら、わざわざケージを開けなくても外から水交換ができます。

△ 水がもれた時の対策をしておく

天井に吊り下げるスペースがない場合には向いていません。また、水がもれた場合に床材をぬらし、カビや真菌性皮膚炎（▶p110）の原因に。受け皿を置いて、床材がぬれるのを防ぎましょう。

壊れたらどうする!?

万が一壊れた時に、一番困るのが給水器。割れたり壊れたりしたらすぐにはずして、新しいものが準備できるまで水分を含んだ野菜をおやつとして与えましょう。

こんな病気に気をつけよう

ウイルス性・細菌性呼吸器疾患 ▶p120

お皿に水を入れて置いておくのは避けましょう。ハムスターがお皿の中に入ってしまったり、ひっくり返してしまったりするとからだがぬれてしまいます。からだがぬれることで風邪などの病気を引き起こす原因に。ひっくり返して床材をぬらしてしまうことで、真菌性皮膚炎（▶p110）のリスクも高まります。必ず小動物専用の給水器を使用しましょう。

トイレ

◎ **プラスチック製のトイレが一般的**

一般的に市販されているハムスター専用トイレは、プラスチック製のものがほとんど。おしっこが染み込みにくく、丸洗いもできるので清潔に保てます。中に専用のトイレ砂を入れて使用します。天井がついており、ハムスターが安心して使うことができます。

△ **なかなかトイレを覚えてくれない**

せますぎても、広すぎても、なかなかトイレを使ってくれません。ハムスターがなかなかトイレを覚えてくれない時は、広さを見直してみましょう。

決まった場所におしっこをする習性を利用しよう

野生のハムスターが暮らす巣穴の中にはいくつかの部屋があり、トイレ専用の部屋もあります。うんちはどこでもしますが、おしっこは、他の場所を汚さないために決まった場所でする習性があるのです。

そこで、ケージ内にも専用のトイレを用意して、おしっこをそこでしてもらうように覚えさせておくと良いでしょう。掃除がしやすいだけでなく、普段からおしっこの状態をチェックするためにも役立ちます。

トイレの中には専用の砂を入れておきます。屋根が付いているタイプの方が、砂が飛び散りにくく、ハムスターも落ち着いて排泄《はいせつ》しやすいでしょう。

野生のハムスターが暮らす巣穴では、トイレと食べ物置き場、寝室は別々の部屋です。ケージ内でも、トイレを置く場所はフード皿や巣箱とは離れた場所に置くようにしましょう。

トイレのトラブル

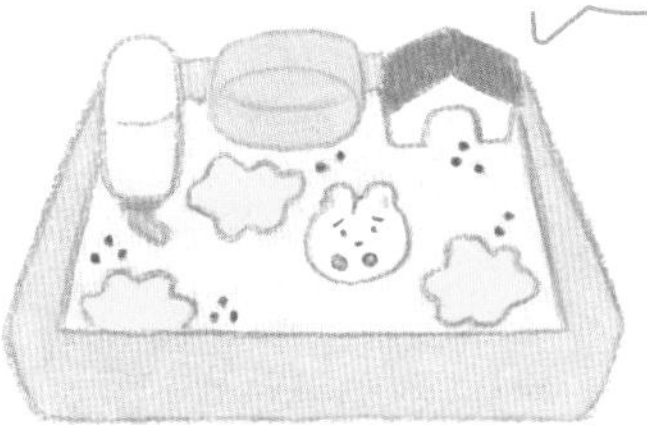

トラブル1 うんちは覚えません!

ハムスターは、おしっこと違ってうんちの場所を基本的に覚えません。おしっこはにおいがあるため、定期的な清掃が必要です。うんちは基本的に無臭ですが、衛生的に保つにはやはり定期的な掃除が必要です。

トラブル2 あちこちでおしっこ!?

ハムスターはおしっこをすることで自分のにおいをつけることがあります。ケージ内のあちこちでおしっこをする場合、ケージ内で落ち着くことができていないかもしれません。

また、個体による性格の差があるため、全部のハムスターがトイレでおしっこをするとは限りません。どうしても覚えない場合はこまめに床材の入れ替えやケージの掃除を心がけましょう。

トイレのしつけ

ポイント1 においをつける

ハムスターはにおいでトイレを覚えます。トイレとして使ってほしい場所に、おしっこがついた床材などを入れておくと、早ければ2〜3日で覚えます。

ポイント2 四隅にトイレを置く

人間と同じで、ハムスターは落ち着く場所でおしっこをしたがります。ケージの四隅にトイレを置くと良いでしょう。

ポイント3 ケージ内の動線

ハムスターがケージ内でよく通るルートは、巣箱からフード入れにかけてです。なかなかトイレを覚えてくれない場合は、巣箱とフード入れの中間にトイレを設置すると良いでしょう。

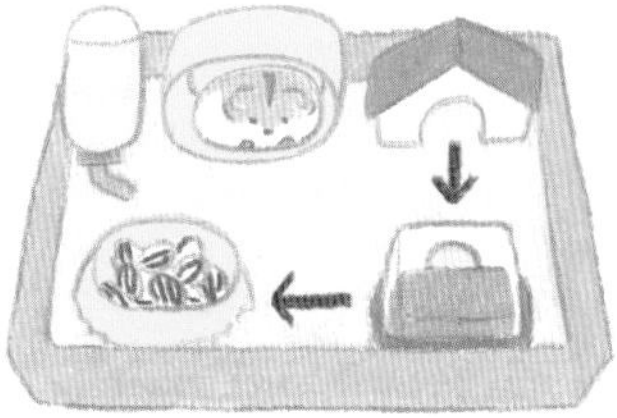

こんな病気に気をつけよう

腎不全 ▶ p126

おしっこの状態は毎日確認しましょう。色や量などに異常が見られる場合は、腎臓や膀胱など泌尿器系の病気の可能性が考えられます。トイレ砂にはぬれると固まるタイプと固まらないタイプがあります。どちらを使っても構いませんが、固まるタイプの砂はおしっこの量が見ただけでわかりやすく、異変に気付きやすいです。

砂場《すなば》

◎ 汚れやストレスの解消に◎

ハムスターは自分で毛づくろいをしてからだをきれいにするため、砂場がなくても問題はありません。しかし、砂場で遊ばせたい時や、毛の汚れが気になる場合には用意するのが良いでしょう。

△ 砂が飛び散ってケージが汚れる

ハムスターが砂浴びをすると、砂が飛び散ってケージ内が汚くなります。出入口があまり広くないものを選んだほうが、飛び散りを防げるでしょう。

お風呂代わりに砂浴びで からだをきれいにする

ハムスターはとてもきれい好きです。しかし人のようにお風呂に入るのではなく、砂浴びをして体の汚れなどを落としています。

ペットとしてかわいがられているハムスターですが、もともと砂漠《さばく》のような乾燥《かんそう》地帯に住んでいた動物。水が少ない環境でも体を清潔に保つため、砂浴びをする習性があります。砂にからだをこすりつけて、汚れや皮脂《ひし》を落としているわけです。

砂浴びのときは、背中をきれいにするためにゴロゴロと転がったり、穴を掘り始めたりします。細かな砂が飛び散るので、屋根つきの砂場用容器を用意して、周りに砂が飛び散らないようにしましょう。

なかには砂浴びをしない、あるいはトイレで砂浴びをするハムスターもいるので、数カ月経っても使う様子がなければ砂場はなくても良いでしょう。

トイレと砂場の使い分けは難しい

砂場のトラブル❶

砂場でおしっこ!?

トイレを覚えているハムスターでも、砂場を設置するとトイレと間違えておしっこをしてしまうことがあります。汚いように見えますが、自分のにおいがする場所で安心して砂浴びをしているわけです。トイレと砂場の使い分けを教えるのは難しいので、こまめな掃除で衛生的に保ちましょう。

砂場のトラブル❷

砂場を使ってくれない！

なかには砂場を用意しても使わないハムスターもいます。ただし、きれいにしてあげたいからといってウェットティッシュで拭くと、湿気によって真菌性皮膚炎（▶p110）の原因になるのでNG。汚れが気になる時は歯ブラシでブラッシング（▶p147）をすれば十分です。実はよく観察すると、砂場ではなくトイレで砂浴びをしていたというケースも珍しくありません。

ウェットティッシュは絶対にNG

こんな病気に気をつけよう

細菌性皮膚炎 ▶p111

砂浴び用の砂は加熱処理されている製品を選んだほうが雑菌の繁殖を防げます。トイレと兼用になっていた場合、汚れた砂がからだについて細菌性皮膚炎を引き起こすことも。粒子が細かい砂が目に入って結膜炎（▶p94）になる可能性もあるため、ハムスターの様子を見て動物病院に相談しましょう。

かじり木《き》・トンネル

◎ ストレス解消に◎

主食のペレットで十分前歯は削れますが、木のグッズがあるとストレス解消にもなるので、ひとつ置いてみても良いかもしれません。巣箱が木製なら、それをかじるハムスターもいます。

△ 汚れてきたら交換する

かじり木は使っているうちに、噛み跡やマーキングで汚れてきます。防腐剤などを使っていない天然素材なので、衛生面を考えて定期的に交換しましょう。

不《ふ》正《せい》咬《こう》合《ごう》の予防やストレスの解消に役立つ

歯が伸び続けるハムスターには、噛《か》んでいるうちに歯が適度にすり減るかじり木を与えましょう。木材を中心にさまざまな素材の製品があるので、お気に入りのものを選ぶのがポイントです。

げっ歯類は木をかじったり果実を割ったりと、いろいろな場面で歯を使います。ハムスターにもかじり木を与え、思う存分かじれる環境を整えてあげましょう。自然に歯がすり減るので、噛み合わせが悪くなる不正咬合（▼p102）の予防になります。お気に入りのかじり木に夢中になる時間は、ストレスの解消にも役立ちます。口に入れるものなので、接着剤や釘を使用していないものを選びましょう。

また、巣穴を掘って移動する習性を生かせるのがトンネルです。絶対に必要なものではありませんが、運動不足やストレスの解消に役立ちます。

◎ 運動不足とストレスの解消に◎

最近のケージは、トンネルが一体型になったタイプや、後から自由にトンネルを付けられるジョイントがついたタイプがあります。ケージが狭く、ストレスが溜まりやすい場合などには、トンネルを付けて活動スペース囲を広げてあげましょう。

△ 安全性に気をつけて取り付ける

ハムスター用のトンネルは、飼い主さんが好きな形に組むことができるものがほとんどです。必ず安全性を考えて無理のない形に組みましょう。なるべく高低差をつくらないことが一番です。

こんな病気に気をつけよう

ケガ ▶ p132

トンネルを垂直に設置すると、ハムスターが足をすべらせて落下したときに骨折などのケガをしてしまう危険があります。設置するときは、ななめにしたりカーブをつけたりしましょう。体調が悪いときにトンネルなどの狭いところへ隠れることがあるので、万が　の時に出せるよう、分解できるタイプがおすすめです。

ヒーター・ひんやりタイル

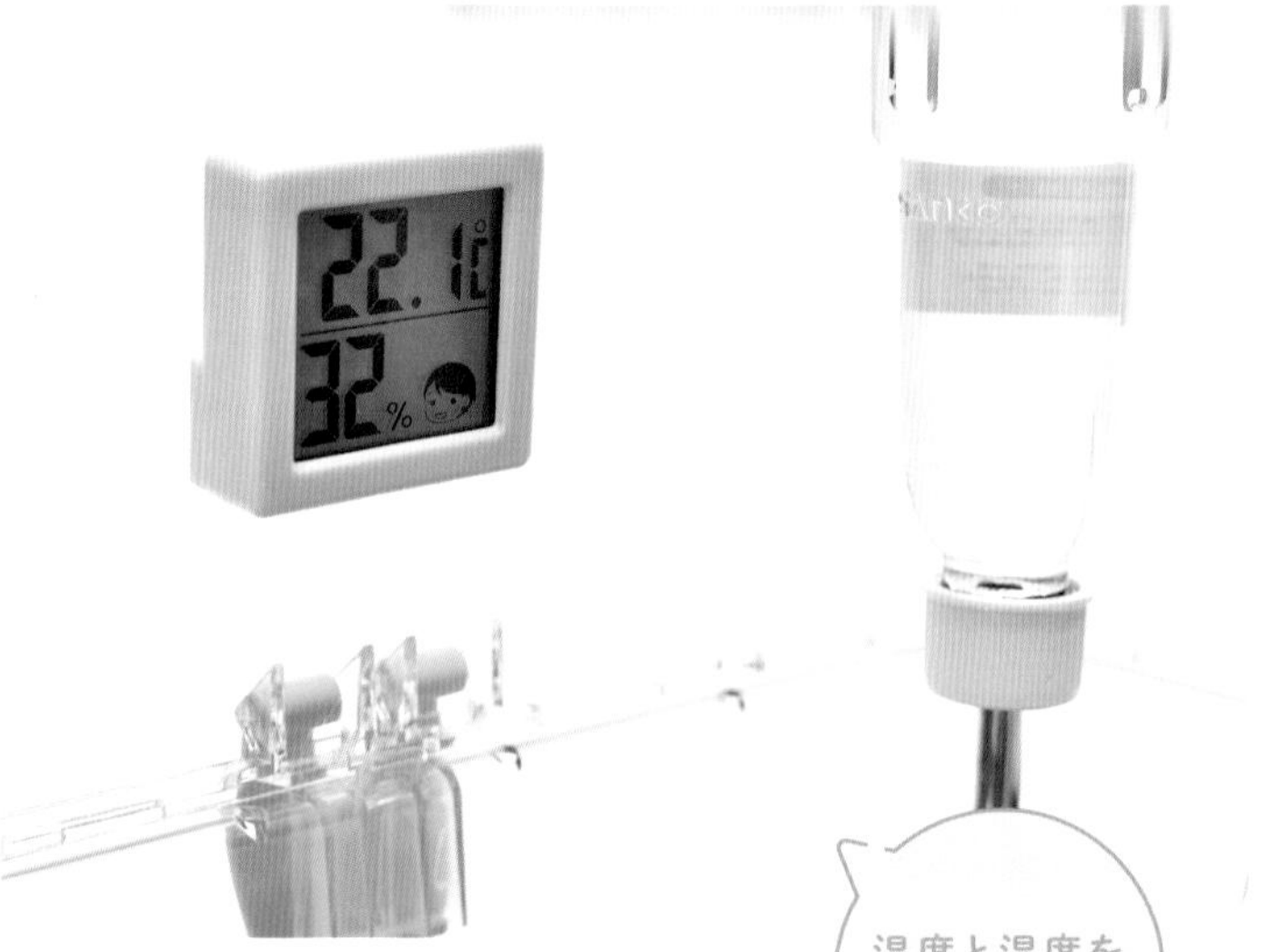

温度と湿度を管理しよう

温度・湿度を管理するためにも、ケージに温度・湿度計を付けることが必要です。外側と内側では温度が異なるため、なるべく内側の、ハムスターの手が届かない場所に付けましょう。

夏の暑さ対策

市販のクールマットは軽いアルミ製がほとんどです。天然石や陶器のタイルを使用しても良いでしょう。

ハムスターの適温は18〜25度

ハムスターが快適に過ごせる温度は18〜25度。人間が半袖1枚で過ごすことができる温度が適温です。湿度は40〜60％の範囲内が適切で、湿気が多い環境を好みません。乾燥気味にしましょう。

ハムスターは人間のように汗をかかないので、扇風機《せんぷうき》の風にあたっても涼しいと感じません。夏の温度調節にはエアコンを使ったほうが安心。さらにケージ内にクールマットを置きましょう。ケージの上部に保冷剤を置けば、温度を下げるのに役立ちます。凍らせたペットボトルを使って冷やすのも良いでしょう。

冬はペット専用のヒーターを使って暖かくする工夫をしましょう。ハムスターが自分で温度調節できるように、床材を多めに入れるのもおすすめ。特に寒い日はエアコンなどで部屋も暖めましょう。

温度調節は
エアコンが
一番

ハムスターケージの温度調節を行うには、エアコンが最も適切です。電気代はかかりますが、夏・冬はエアコンをつけたままにしておくのが安心です。

冬の寒さには
サーモスタット
が便利

冬は自動温度調節機能があるサーモスタット付きのヒーターが便利です。温度調節ができないヒーターを使う場合は、巣箱の一部を温めるようにし、ハムスターがケージ内を移動することで温度調節ができるようにしましょう。

こんな病気に気をつけよう

熱中症 ▶ p134 仮冬眠 ▶ p135

夏は熱中症に要注意。ハムスターは30度を超えると熱中症の危険が高まります。家族が不在になる日中もエアコンで温度管理をした方が安心。冬は仮冬眠をさせないことが重要です。10度以下に下がると仮冬眠を始めてしまい、そのまま目覚めない可能性も。小さなハムスターにとっては数度の差が命に関わることを知っておきましょう。

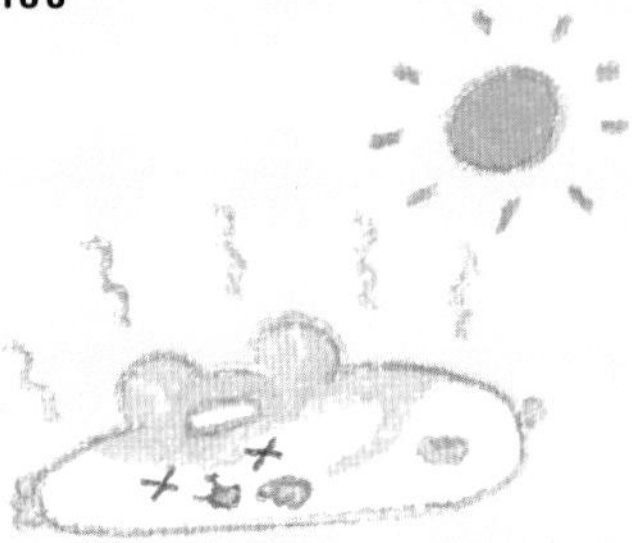

ケージの置《お》き場《ば》所《しょ》

部屋の選び方

◎ エアコンがあって夜は暗い部屋に

エアコンがある部屋を選びましょう。夜行性のハムスターがストレスなく活動できるように、日中は明るく夜間に暗くなる部屋が理想です。

△ 大きな動物とは部屋を分ける

エアコンがついていない、温度管理ができない環境は避けましょう。また、犬や猫などの大きな動物とは部屋を分けるのが安心です。

明るく風通しが良い静かな部屋が理想

住まいの環境を整える前に、ケージの置き場所を決めます。安全・快適に過ごせる場所を選ぶポイントは、温度や湿度に加え、明るさ、高さ、風通しなど。環境の影響を受けやすいハムスターのために適切な部屋を選びましょう。

理想の置き場所は、日中に自然光が入る、ほどよく明るい部屋です。直射日光が当たらないようにカーテンなどで調節することも必要です。床から1m程度の高さなら、人が歩くときの振動や冷気の影響を受けにくいのでおすすめ。窓やエアコンの風が直撃する場所やテレビに近い場所を避け、落ち着けるところに決めること。

夜行性のハムスターは夜になると活発になるので、寝室に置くとうるさくて眠れなくなってしまうかもしれません。寝室ではなく、リビングなどに置きましょう。

スペースの選び方

◎ 安定した台の上がベスト

地震が起きても大丈夫なように、安定感のある台の上に設置しましょう。周囲に障害物が少なく、なるべく風通しが良い状態にすることも大切です。

△ 直射日光や風が当たる場所はNG

エアコンの風や直射日光が当たるところは避けましょう。床に直接置くのも、足音が響いてストレスになるため良くありません。

こんな病気に気をつけよう

ストレス・真菌性皮膚炎 ▶ p110

置き場所はハムスターの健康や寿命を左右します。湿気がたまりやすいキッチンやバスルーム、北側の壁の近くにケージを置いていると、真菌性皮膚炎など皮膚トラブルの原因に。安定するからといって床に置くのも避けましょう。飼い主さんの足音や動作の振動がストレスになり、体調を崩してしまう可能性があります。

手《て》作《づく》りケージ・おもちゃ

◎ 大きさや性格に合ったケージにできる

市販の専用ケージよりも、さらに広い住まいを整えられます。生態に合う環境にしやすいほか、部屋のインテリアに馴染むデザインにできるなどの利点があります。

△ 間違った素材で作ると危険

釘や針金をかじったり接着剤をハムスターが食べたりすると、とても危険。固定に使う部品がハムスターに触れないよう注意すべきです。

大きさや活動性に合わせて作れる

市販のケージには、ステンレス製の金網タイプと、プラスチック製の水槽タイプがあります（▼p30）。コンパクトなケージが多いため、ハムスターの大きさや性格によってはせまく感じるかもしれません。

さらに快適なハウスを目指して、プラスチック製の衣装ケースや木材などでケージを自作する飼い主さんも増えてきました。ハムスターに合わせてスペースを広くでき、部屋のインテリアにも合わせられるのが魅力です。また、おもちゃもトイレットペーパーの芯やペットボトルを利用して自作できます。これらの手作りケージやおもちゃは材料費が抑えられるのもメリット。

ただしハムスターの性質を理解して安全や脱走防止の対策を行うことが重要。思いがけない事故を防ぐために、ハムスターの飼育に慣れてからチャレンジしましょう。

◎ 愛情たっぷりの
オリジナルおもちゃ

愛情をかけて、ハムスターの個性や大きさに合うオリジナルのおもちゃを作れます。キッチンペーパーの芯やお菓子の箱を使えば費用も抑えられます。

△ かじってしまうので
素材に注意！

ハムスターがかじってしまう可能性があるので素材選びに注意。かじっても安心な紙や段ボール、木材などがおすすめです。

こんな病気に気をつけよう

腸閉塞 ▶ p116

ケージやおもちゃなどのアイテムを手作りする場合は、ハムスターの生態や個性に合わせて作り、何よりも安全性に細心の注意を払うことが重要です。手軽に作れる布製のおもちゃ、巣箱、テントなどは、間違って食べてしまうと腸閉塞につながるケースもあります。写真を撮るときだけ使う場合も、飼い主さんが目を離さないようにしましょう。

ハムスターの脱走対策《だっそうたいさく》

ゴールデン
ハムスターは
要注意！

ゴールデンハムスターは、特に自分のなわばりを確認したがる習性があります。さらに、ドワーフハムスターに比べて力も強いので、ケージの天井や扉を押し開けないよう、注意しましょう。

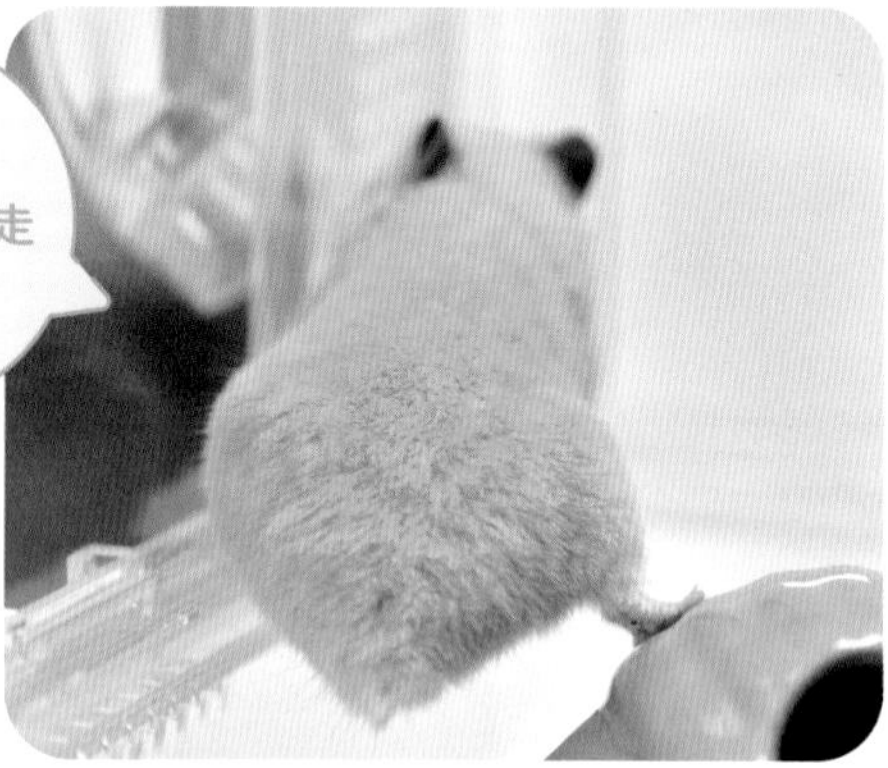
天井から脱走

天井がない水槽で飼育していると、回し車や巣箱などをよじ登って脱走されてしまうことも。必ず金網など通気性の良い天井を設置しておきましょう。

わずかな隙間でも 脱走経路になる

好《こう》奇心旺盛《きしんおうせい》なハムスターは、ケージの外に興味を持って脱走してしまうことがあります。巣箱に登ってふたの隙間を見つけたり、プラスチックの部分をかじって穴を開けたりと、脱走経路はいろいろ。小さなからだから想像もつかないような力で、金網の扉をこじ開けることもあります。

部屋をよく散歩（▼p78）させている場合は、ケージから出たがることも。もし脱走したときに部屋の窓から屋外へ出てしまうと、二度と会えないかもしれません。特になわばり意識が強いゴールデンは、ケージの外へ見回りに出ようとするうえ、力も強いので要注意です。

脱走対策を行なっていても、思いも寄らないところから逃げる可能性も少なくありません。ケージに穴や隙間がないことを毎日確認し、扉が開かないように必ず固定しておきましょう。

天井の高さ

天井が低いケージや、金網タイプケージでは、ハムスターがよじ登って天井から脱走してしまうケースも。落下によるケガ防止のためにも、ハムスターが登れない高さのケージが安心です。

扉の留め具

ハムスター専用ケージの場合、脱走の原因の大半が、飼い主さんによる扉の閉め忘れです。お世話の後に必ずチェックするよう心がけましょう。

ケージの割れ

プラスチック製やガラス製は割れてしまうことも。破損した箇所から脱走してしまう可能性があるほか、ハムスターのケガにもつながるのでこまめに点検しましょう。

こんな病気に気をつけよう

ケガ ▶ p132

脱走したハムスターは家具の隙間に落ちて骨折したり、電気コードをかじって感電したりする危険があります。また、同居するほかの動物がケガをさせてしまうかもしれません。普段お世話をしていない家族は脱走に気づきにくく、家のドアや窓から屋外に出てしまう可能性も。責任をもって安全管理を心がけてください。

3章

ハムスターが長生きするためのお世話

ハムスターを飼うには
毎日のお世話や
定期的な掃除が欠かせません。
ここでは
ハムスターのお世話の方法や
食事の量、与えても良い
おやつの種類を紹介します。
正しい知識を身につけて
ハムスターのお世話をしましょう。

ハムスターが家《いえ》にきたら

1日目

ケージ内にはあらかじめ水やペレットをセットしておきます。ケージに移したら、初日はそれ以上触らないこと。ペットショップなどで今まで使っていた床材をもらっておき、巣箱の近くにおいてあげると安心します。

ケージ内に落ち着く場所を見つけてそこで過ごすようになります。お世話は最低限にして、ハムスターを驚かせないようにしましょう。

2〜3日目

1週間くらいは触らずにそっと様子を見る

ハムスターを迎《むか》えた日からどう接していけば良いのかを知っておきましょう。新しい環境に来たことでハムスターは大きなストレスを感じています。できるだけそれ以上、ストレスを感じさせることのないようにしてあげることが大切です。

ハムスターが家にきてから、慣れるまで1週間くらいはそっとしておきましょう。性格によってはもっと早く慣れることもありますが、逆にそれ以上時間がかかることもあります。くれぐれも、焦らずゆっくりと慣れさせていくことが大切です。

ペットショップやブリーダーから連れてくるときは、それまで使っていた床材をもらってきて、巣箱の周辺に置くと自分のにおいに安心します。

気になるからとついちょっかいを出したくなるかもしれません。でも、迎えた当日はなるべく驚《おどろ》かせないように

4〜6日目

ハムスターが新しい環境に慣れ始めます。トイレを覚えさせるには、この頃からしつけをスタートしましょう。

7日目〜

ここまではできるだけ驚かせないように過ごさせ、1週間経った頃から、手からおやつを与えるなど、人の手に少しずつ慣れさせます。

ケージ内に移したら、あとは触らないようにして、そっとしておきます。2〜3日しても、巣箱を使わないようなら、もしかしたら用意した巣箱が気に入らないのかもしれません。別の巣箱を用意してあげましょう。

また、2日目以降は、ペレットと水の交換、排泄物《はいせつぶつ》で汚れた床材を取り除くなど、最低限のお世話だけにしておきます。なるべく驚かせたり、ストレスがかからないようにするためにも、眠っている間にお世話をしてあげると良いでしょう。

日にちが経つにつれ、次第に新しい環境に慣れてきますから、様子を見てトイレも覚えさせましょう。おしっこがついた床材をトイレに入れておくようにすれば、においでトイレを覚えてくれるようになります。（▼p43）

定期的な健康チェックを行うためには、人間の手に慣れさせることも大切です。1週間経った頃から少しずつ、人に触られることに慣れさせるようにしていきましょう。

毎日《まいにち》のお世話《せわ》

トイレ掃除

ハムスターがトイレを覚えている場合は、トイレを毎日掃除しましょう。汚れている部分をスプーンなどで取り除き、少なくなってきたらその都度足します。

床材の掃除

トイレを覚えていないハムスターはケージや巣箱の隅に排泄します。このとき、床材がおしっこで汚れたままだと不衛生でにおいも出るため、汚れた部分を毎日取り除きましょう。おしっこで汚れた床材は少しトイレに入れておくと良いでしょう。

お世話は夕方以降で同じ時間に行うのが理想的

ハムスターの健康を保つためには、毎日欠かせないお世話があります。健康チェック（▼p88）も大切ですが、食事、水、トイレ掃除《そうじ》の3つを必ず行うことは飼い主さんの義務《ぎむ》です。

トイレのしつけ（▼p43）ができていれば、トイレ掃除もトイレ砂を捨てるだけで済むため、とても簡単です。トイレ砂はぬれると固まるタイプだと、おしっこの量も把握しやすく便利です。トイレを覚えさせている途中であれば、砂を全部取り除くのではなく、におい付けのために少しだけ残しておくようにします。

トイレを覚えていない場合、床材がおしっこで汚れてしまいます。毎日すべての床材を交換する必要はありませんが、おしっこで汚れた部分は取り除き、減ってきたら新しい床材を足します。また、ハムスターのうんちは、食《しょく》

食べ残しの確認

食べた量の把握や衛生面からも、食べ残しがないかどうか確認します。毎日決まった量を食べているのに、もし食べ残しのペレットがあったら病気の可能性も考えられます。食べ残しが出ない量を知っておいたうえで、食べ残しがあれば動物病院を受診しましょう。

飲み水の交換

水も何日も放置したままだと細菌が繁殖して腐ることがあります。健康のためにも毎日交換して新鮮な水を用意してあげましょう。

物繊維《もつせんい》などが含まれているといわれています。食事を十分に用意していてもうんちを食べるハムスターはいますから、うんちについては毎日取り除く必要はありません。

フード入れに残ったペレットがないか確認するほか、巣箱の中などに食べ物を蓄えている場合も、確認して捨てるようにしましょう。特に、野菜や果物など水分の多いおやつは腐りやすいので、1日経ったら必ず捨てるようにします。

飲み水は毎日取り替えてあげましょう。取り替える際には、給水器の中を水ですすいであげるようにします。

ハムスターは夜行性。昼間はほとんど寝ているので静かに休ませてあげて、こうしたお世話は起きている夕方以降に行うと良いでしょう。コミュニケーションにもつながります。お世話もコミュニケーションも、できるだけ毎日同じ時間に行うようにすれば、だんだんハムスターも覚えてくれるようになり、よりスムーズに行えます。

定《てい》期《き》的《てき》に大《おお》掃《そう》除《じ》を

ハムスターを移動させる

ハムスターは目の前で掃除をされると、巣を荒らされたと感じストレスになることも。必ず別の入れ物やケージに移動させてから掃除をしましょう。

小物を撤去する

巣箱やトイレ、フード入れ、給水器、回し車などの小物をケージから全て取り除いておきましょう。このとき、巣箱の近くの床材が汚れていなければ、少し取っておきます。

床材を捨てる

床材や、底に隠れているうんちなどをゴミ袋に捨てましょう。小さいほうきがあると、細かいくずを捨てる際に便利です。

夏場は3～4週間に1度を目安に大掃除を行う

毎日のお世話に加えて、ケージ全体や用品の水洗い、床材全体の交換など、定期的に大掃除を行うようにします。あまり頻繁《ひんぱん》に行ってしまうとハムスターのストレスになってしまいます。きれいにすることで自分のにおいが消えてしまうからです。かといって放置しすぎると細菌が増えてしまうなど、衛生面で問題になります。

大掃除のタイミングは、夏場は3～4週間に1度、冬場は4～5週間に1度行うと良いでしょう。ただし、これらはあくまでも目安です。ケージ内の汚れの程度によって、大掃除を行うタイミングの判断を。状況によっては、気になる部分を拭き掃除するだけでもかまいません。

木でできた巣箱などのグッズは、水洗いするのが大変です。汚れるとダニがわいてしまうこともあるため、定期的に新しいものと取り替えましょう。

ケージと小物をすべて洗う

ケージ全体だけでなく、撤去したグッズも木でできたもの以外は水洗いします。トイレなど、水で汚れが落ちない場合は、お湯に中性洗剤を混ぜたものにしばらくつけてから洗います。

洗い終わったらよく乾かす

きれいなタオルで拭いたあと、水気が残らないよう完全に乾かします。このとき、日光に当てて乾かすと消毒にもなります。

新しい床材を入れる

新しい床材を入れ、回し車やフード入れなどをセット。全てそろっているか確認しましょう。取っておいた床材は巣箱の近くに敷いてあげることで、掃除後の新しい床材でもハムスターが安心して過ごすことができます。

こんな病気に気をつけよう

細菌性皮膚炎 ▶ p111

掃除をしないと、細菌やカビなどが増えてしまい、皮膚や目の病気などの原因になる可能性があります。また、掃除をすることは、うんちやおしっこの状態をチェックする機会でもあります。血尿や下痢、量などがいつもと比べてどうかなど、掃除の際にチェックしておきましょう。

ハムスターの主食《しゅしょく》

主食にはハムスター用のペレットを与える

ハムスターの主食にはペレットを与えます。ペレットには、ハムスターの健康維持に必要な栄養がすべて含まれており、あとは水があれば十分生きていくことができます。

ハムスターはひまわりの種が主食という印象をもっている人も少なくありません。たしかに、ひまわりの種はハムスターの大好物ですが、高カロリー、高脂肪なので基本的には与えてはいけません。あくまでも主食にはペレットを与え、おやつをどうしても与えたい場合は、小さい穀類などを少量だけにしておきましょう。（▼p68）

ハムスターは1日に何食、というような回数は決まっていません。胃袋が小さいため、1回に食べる量が少なく、すぐにお腹がすいて1日に何回も食べます。食事管理は、「1日にペレットを何グラム食べるか」で考えましょう。

適切なペレットの量は？

1日分の量は体重の約10%を基準に。年齢や運動量、体質によっても異なるので、食べきる量、かつ体重が変動しない量に調整します。

まだ子どものハムスターは、大きくなって体重が安定するまで、体重の12～15%と少し多めに与えても大丈夫です。

	ゴールデンハムスター	10～15g
	ドワーフハムスター	3～5g

食べる量を把握しよう

「1日で食べきる量」を与えるのがポイントです。1日に食べる量を把握し、それ以上は与えないことで、ハムスターの体調の異変に気付きやすくなります。

大粒タイプ

小粒タイプ

ペレットの大きさ

市販されているハムスター用のペレットは、粒が小さいものから大きいものまでさまざま。からだの大きさに合わせて、ゴールデンハムスターには大粒タイプを、ドワーフハムスターには小粒タイプを与えます。また、ゴールデンハムスターでもからだがまだ小さいうちは、小粒のペレットを与えても良いでしょう。

成分	割合
粗たんぱく質	18%
粗脂肪	5%
粗繊維	5%
粗灰分	7%

ペレットの成分

ハムスター専用のペレットであれば、ほとんどが左の表に近い割合で必要な栄養が含まれています。がん細胞を抑制する効果があるとされるアガリクスが配合されたペレットや、ダイエット用の低脂肪ペレットなども販売されています。

大きさ、硬さ、成分 適切なものを選ぼう

ハムスター用のペレットには、さまざまな種類があります。大きい粒《つぶ》はゴールデンハムスターが巣箱に持ち帰っても見つけやすく、掃除が楽です。小さい粒は、ドワーフハムスターでも頬袋《ほおぶくろ》に入れることができます。そのため、一般的に粒の大きいものはゴールデンハムスター用として、粒の小さいものはジャンガリアンハムスター用、またはドワーフハムスター用として販売されています。

ハムスター用のペレットは基本的にとても硬《かた》くつくられています。ハムスターの歯は一生伸び続けるため、硬いペレットを与えることで歯がけずられ、適切な長さに保つことができます。野生のハムスターは木をかじったり硬い種子を食べたりしますが、ペットのハムスターは、硬いペレットを食べることで歯の伸びすぎを予防しているのです。

ペレットの与《あた》え方《かた》と注《ちゅう》意《い》点《てん》

密閉容器で保管

一度開封すると、賞味期限内でもペレットはどんどん劣化していきます。乾燥材や珪藻土ブロックと一緒に透明な密閉容器で保存すれば、湿気・劣化を防ぎつつ残りの量も把握しやすいでしょう。

食べる量が減ったら

1日に食べる量をきちんと管理していても、隠しているペレットを食べていることや、季節によって食べる量が多少増減することがあります。食べる量が減り、かつ体重が減り続ける場合は病気を疑いましょう。

1日分をまとめてでも分けて与えてもOK

1日に与える量を決めたら、朝と夜に分けても良いですし、ハムスターが活発になる夜に1日分を食器に入れてあげてもかまいません。なるべく毎日同じ時間に与えるようにすると良いでしょう。

ハムスターはもともと、巣穴に食べ物をため込む習性があります。そのため、フード入れからペレットが減っていても、食べずに巣箱の中などに隠していることも。掃除のときに確認して、残しているペレットがあれば病気を疑い、獣医さんに相談しましょう。また、定期的に体重をチェックして、体重に変化が見られるようであればペレットの量を調整することも大切です。

市販のペレットには賞味期限があるため、あまり買いだめせずにこまめに買うことが大切です。できるだけ、1か月で使いきる量を目安に購入しましょう。

ハムスターが太ったら

ペレットの量を管理することは、肥満防止や病気の早期発見のために大切です。もし、体重が増えてしまったら獣医さんに相談しましょう。ダイエット用のペレットも販売されていますが、与える量を管理できなければ意味がないので注意が必要です。

ペレットの種類を変えたい

ハムスターにも好き嫌いがあり、ペレットの種類によって食べたり食べなかったりすることも。飼育に慣れてきたら、ペレットの種類をいくつか試してみるのも良いでしょう。そのときは、いきなり変えるのではなく、元々与えていた種類に少しずつ混ぜるようにして慣れさせましょう。

こんな病気に気をつけよう

肥満

植物の種や乾燥野菜などが混ぜられたミックスフードは、人間にとってのバイキングのようなもの。好きなものだけを食べることができてしまうので、栄養バランスが崩れて肥満になってしまいます。肥満はさまざまな病気の原因になるので、必ず、飼い始めからペレットを主食にして育てるようにしましょう。

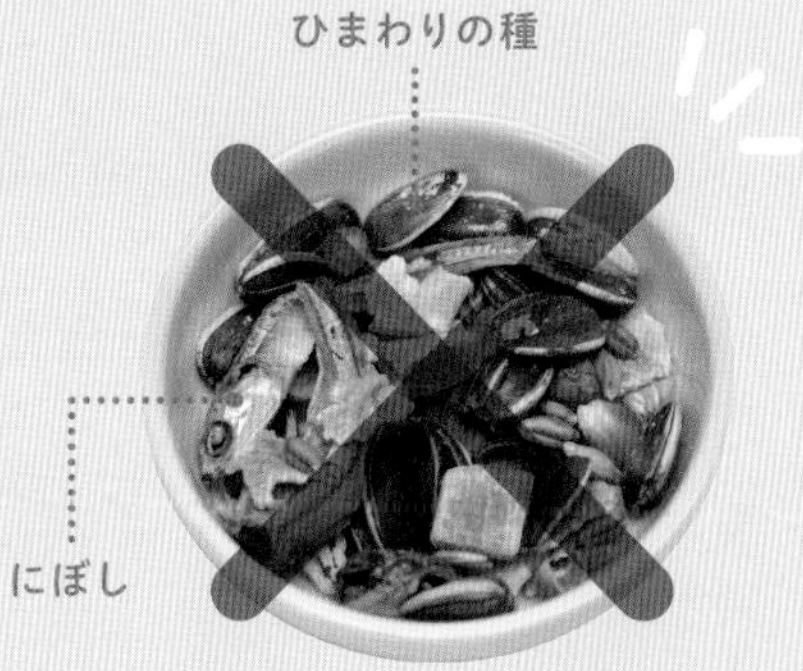

おやつについて

たとえば、飼い主さんにとってはひと口サイズでも、ハムスターにとっては顔より大きなかたまりかもしれません。ハムスターのからだの大きさを自分に当てはめて、適切な大きさのおやつを与えましょう。

与える量や内容には くれぐれも気をつけて

ハムスターは、草食傾向《そうしょくけいこう》が強い雑食性《ざっしょくせい》といわれています。植物の種だけでなく、野菜、果物なども食べることができますが、基本的に必要な栄養分はペレットで足りています。

おやつは、くれぐれも与えすぎないようにしなければなりません。水分を多くとらせたいときに野菜などをあげる、手に慣らすために好物のものを利用するなど、体調や飼育環境に合わせて与えるようにします。

また、種子類などカロリーが高いものは、2〜3日に1回にするなど、与える量や回数に気をつけましょう。

おやつに水分が多いものを与えすぎると、下痢を引き起こすことも。野菜は洗ってよく水気を切ってから与えましょう。固いおやつのほうが、かじる楽しみがあるだけでなく、歯の伸びすぎを防ぐことにもなります。

与えても大丈夫なもの

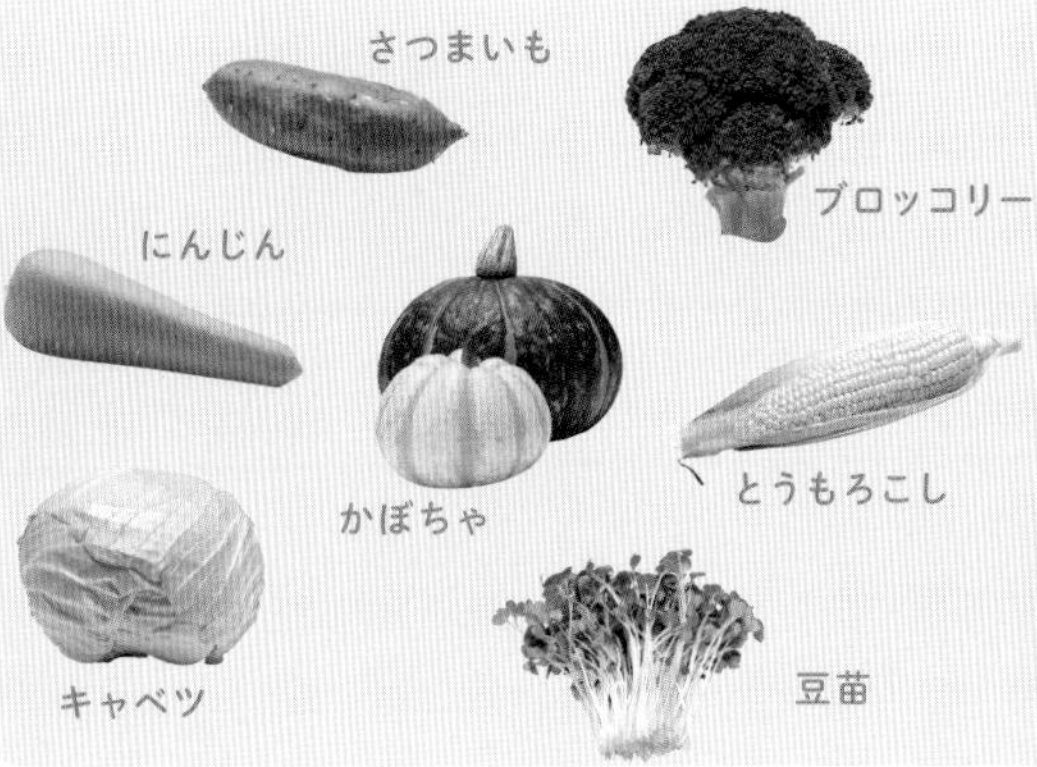

これらは、与えても問題がない食べ物です。あくまでも「おやつ」として与えるようにしましょう。与えすぎは禁物です。

与えてはいけないもの

これらは、絶対に与えてはいけない食べ物です。このほかにも、チョコレートなどのお菓子やお米なども、与えてはいけません。

人間の食べ物の中には、ハムスターが食べると中毒を起こすなど、危険なものがたくさんあります。代表的なもののひとつが、タマネギやニラなどのネギ類です。少量を食べただけでも、血尿や下痢を起こし、命に関わる場合があります。たとえ与えても大丈夫な食材であっても、人間用に味付けされたものは塩分や糖分が高くなっているため、与えてはいけません。本書に載《の》っていない食べ物を与えたい場合は、必ず獣医さんに確認してから与えるようにしましょう。

獣医さんおすすめのおやつ

小鳥のごはんとして販売されていることが多い、アワやムギなどは、穀物の中でも食物繊維が豊富で低脂肪。ハムスターの食いつきも抜群なので、ハムスターとのコミュニケーションにもってこいのおやつです。

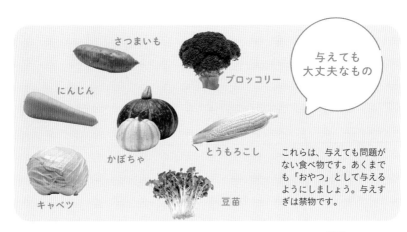

食《しょく》事《じ》のあげ方《かた》と体《たい》重《じゅう》管《かん》理《り》

体重の量り方

登れない高さの透明容器に入れて量りましょう。綿棒のケースでもOK。ふたをするときは空気穴をあけておきます。なるべく毎回同じ時間帯に量ると良いでしょう。

ハムスターの重さ

ハムスターの体重には幅があり、体格や性別によって適切な体重が異なります。表の数値を下回るようであれば、病院で診てもらいましょう。逆に、表の数値内であっても、歩くときにお腹を地面にこするようであれば明らかに肥満と判断できます。

	ゴールデンハムスター	ジャンガリアンハムスター
オス	100〜120g	35〜45g
メス	110〜130g	30〜35g

体重の増減を体調変化の目安に

人間の場合は、太ったら自分で食べる量を調整できますが、ハムスターは自分で食事の量や、体重の調整ができません。飼い主さんが責任をもって管理しましょう。

肥満がさまざまな病気を引き起こすのはハムスターも人間も同じです。また、体調の変化が読み取りづらいハムスターにとって、体重の増減が不調かどうかの目安になってくれます。

体重が増減しているかを判断するためには、適正体重を知っておきましょう。よくペットショップで販売されている生後1〜2ヵ月のハムスターは、ゴールデンが50〜60g、ジャンガリアンが20〜30gです。おとなになるとゴールデンが100〜130g、ジャンガリアンが30〜45g程度になります。からだの大きさやからだつきは性別や個体差によって違うので、普段から体重を量っておくことが大切です。

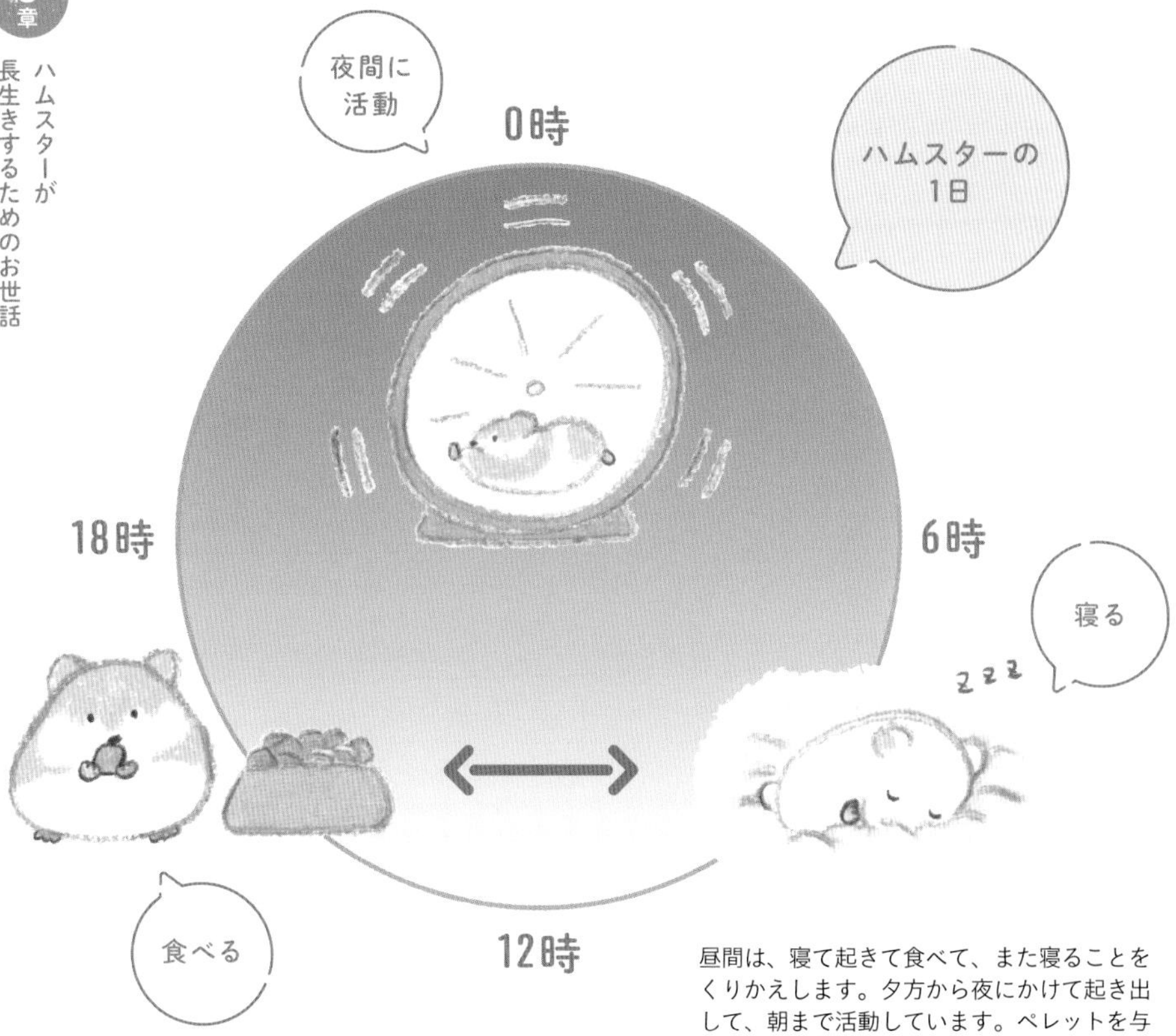

昼間は、寝て起きて食べて、また寝ることをくりかえします。夕方から夜にかけて起き出して、朝まで活動しています。ペレットを与えるのは、夕方もしくは朝のどちらか、ハムスターが起きている時間が良いでしょう。

毎日時間を決めて体重をメモしておく

子どものハムスターを迎えたら、成長して体重が安定するまで、食事の量は体重の10％を与えて様子を見ます。同じ量を与えても、よく運動する子とあまり運動しない子では体重の増え方に違いがあるので、小さいうちは少し多めに与えても良いでしょう。また、フード入れに食べ残しがあったとしても、体重が順調に増えているのであれば、ペレットを減らしても大丈夫です。

1日に食べた量を把握するためには、毎日食べ残し量をチェック。

体重は毎日時間を決めて、キッチンスケールなどで正確に量りましょう。記録しておくとちょっとした変化にもすぐ気づくことができます。季節によって多少変化することがありますが、毎日1～2gずつ体重が減り続けるなどの場合は、病気の可能性が考えられるので、早めに動物病院へ。

ハムスターの持《も》ち方《かた》

ハムスターの両側からゆっくり手のひらを近づけ、下からすくうようにそっと持ちます。飛び降りてケガをしないよう注意しましょう。

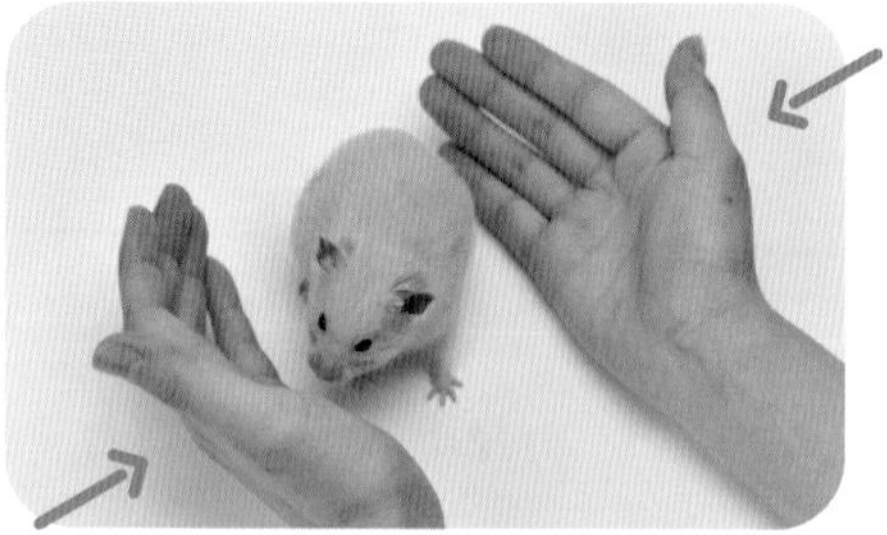

下からそっと持ち上げる

いきなり上からつかむのはNG

いきなり上からつかむのはNG。ハムスターがびっくりして噛みつくことがあります。首のうしろを持って保定したい場合は、下からそっと持ち上げて手のひらに乗せてからにしましょう。

手をゆっくりと下から出すのが基本

ハムスターは野生では大きな動物に食べられる動物なので警戒心《けいかいしん》が強く、繊細《せんさい》でびっくりしやすいタイプが多いです。飼い主さんが安心できる存在であることを伝えるために、正しい持ち方を知っておきましょう。

基本の方法は、両手をハムスターの左右からゆっくりした動作で下から差し出し、すくうように持ち上げること。触れ合いはコミュニケーションを図るときだけでなく、毎日の健康チェックや動物病院に連れて行くときにも役立ちます。ハムスターを迎えて1週間たったら触れ合う練習を始めてください。もし誤った方法で不安や恐怖を抱かせてしまうと、挽回《ばんかい》するのが難しいので、手順を守りましょう。

人獣共通感染症《じんじゅうきょうつうかんせんしょう》（人からハムスターに感染する病気や、その逆の病気）を防ぐためにも、ハムスターを触る前と後には必ず手を洗う習慣をつけましょう。

手で持てないときは…

まだ人間の手に慣れていないときに手を近づけるとびっくりして逃げたり、噛んでしまったりします。どうしてもハムスターを移動させたいときには、焦らずにマグカップを使って移動させましょう。

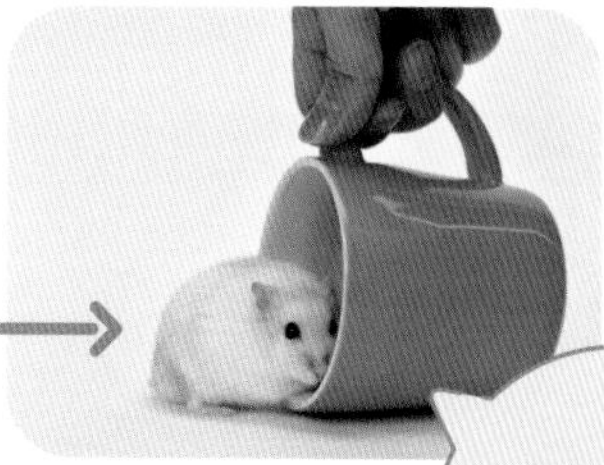

マグカップに入れる

ハムスターは狭くて暗い場所を好むので、マグカップを構えると自然に入ろうとします。ハムスターはにおいに敏感です。なるべく新品のカップを使用してください。

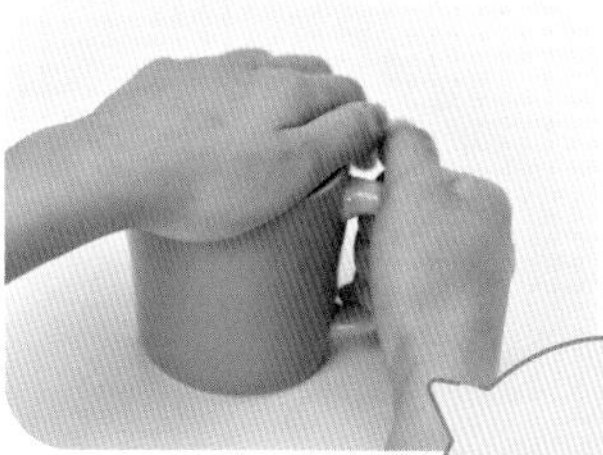

手でふたをする

移動時は飛び出して落下しないよう、手でふたをしましょう。カップの中を暗くすることで、ハムスターが安心して落ち着く効果もあります。

臆病なタイプには マグカップを使う

ハムスターの種類や性格によっては、練習しても手に慣れさせるのが難しいかもしれません。たとえば、臆病《おくびょう》なロボロフスキーや警戒心が強い性格のハムスターは、無理に触ろうとするとストレスを与えてしまいます。飼い主さんの印象を悪くしないためにも、手を使わない持ち方を知っておきましょう。

用意するものはハムスターがすっぽり入るサイズのマグカップです。ハムスターの目の前に置いて入るのを待つだけなので簡単です。狭くて暗い場所を好む習性を利用した方法で、むやみにストレスを与えることもありません。トイレットペーパーの芯でも代用できますが、落ちないように両方のはしをしっかりふさぎましょう。

手で持って運ぶより安定感があって安全なので、どんなハムスターにもおすすめの方法です。

ハムスターに慣《な》れてもらおう

慣れるとおやつを使わなくても、手に乗ってくれるようになります。手に慣れていることで病院で獣医さんが診察しやすいほか、飼い主さん自身がハムスターの異変に気付きやすいなど、たくさんのメリットがあります。

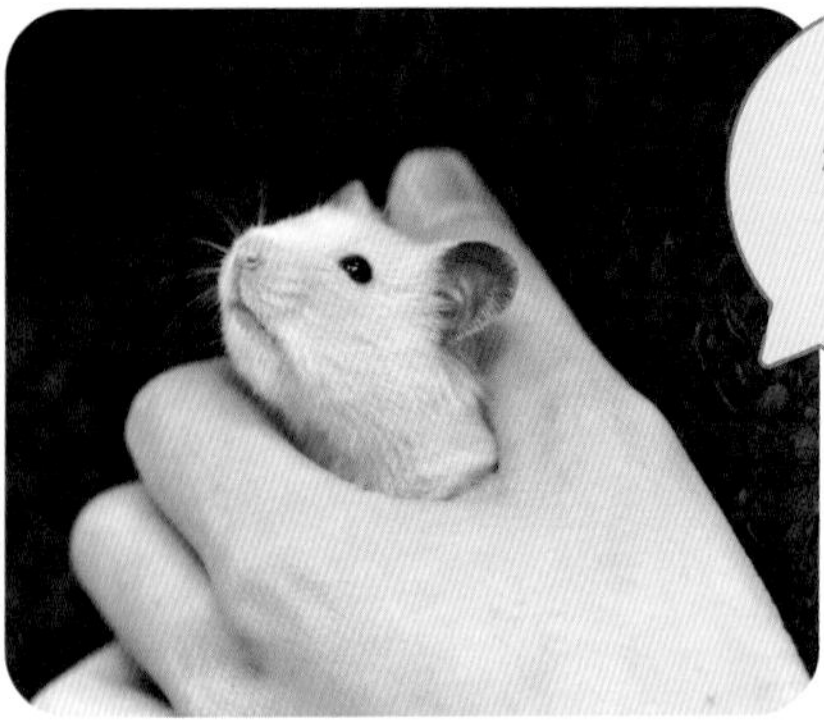

神経質で臆病な性格ほど、無理に近寄らず、ハムスターのほうから寄ってくるのを待つのが正解です。時間をかけて飼い主さんの手のにおいを覚えてもらい、危険がないことをわかってもらいましょう。

人間に慣れさせるメリットは多い

警戒心が強いハムスターでも、手に乗せる練習や毎日のお世話を繰り返せば、飼い主さんに慣れてくれます。犬や猫のように懐《なつ》くわけではありませんが、安心できる存在として信頼を寄せてくれるようになります。

飼い主さんに慣れているほうが毎日の世話がしやすく、健康チェックによって不調に早く気づいてあげることもできます。手のひらにハムスターを乗せてかわいいしぐさを間近で見ることもでき、飼育の楽しさも実感できるでしょう。無理のない範囲で家族と触れ合う練習をすれば、いざというときにお世話を頼めるかもしれません。

動物病院で診察を受ける場合も、人間の手に慣れているハムスターの方が獣医さんは診察しやすく、飼い主さんが触れるだけでも十分役立ちます。人間に慣れさせることにはさまざまなメリットがあるのです。

❶

おやつを指でつまんで渡し、人間の手に良い印象をもたせます。受け取って食べてくれたら次の手順へ。はじめのうちは、豆苗などの長いおやつが適しています。受け取ってくれなくても、根気よく毎日続けましょう。

❷

指先におやつを置いてあげます。このとき、おやつと間違えて手をかじられても動じないようにしましょう。指先から食べてくれるようになったらおやつの位置を指の付け根の方へ徐々に変えて誘導します。

❸

おやつを手首の方に置いて、手のひらの上に誘導します。手に乗った後は急に動かすのはNG。飛び降りても安全な低い位置を維持しながらゆっくり動かし、ひざの上などに手を置きましょう。

好物のおやつで手のひらへ誘導する

手に慣れさせる練習は、ハムスターの好きなおやつを使って手に誘導《ゆうどう》する方法がおすすめ。飼い主さんがおやつを手渡しすることで、人間の手に良い印象をもち、においも覚えてくれるので一石二鳥です。

上記の❶～❸の順番で進める方法が一番早く確実にステップアップできますが、急ぐのは禁物《きんもつ》。1週間にひとつずつ進める気持ちで根気よく行います。1日合計15分を目安に、ハムスターが起きているときを狙って数回に分けて繰り返しましょう。間隔が数日以上空くと、ハムスターの記憶が薄れてしまうので気をつけること。

おやつをあげすぎると肥満の原因になるため、1回に与える量はごくわずかで十分です。手に慣れてきたら、おやつをあげる頻度を減らしてOK。食いつきは少し悪くなりますが、ペレットを手渡ししても良いでしょう。

ハムスターが嫌《いや》がること

大きな物音

物音にびっくりして失神することも。話し声やテレビの音よりも、足音やドアの開閉音、物が落ちる音に敏感です。

上から手を近づける

上から手を近づけるのは大きな動物に食べられるときと同じ状態なので、とても怖がります。

触りすぎる

過度に触れ合うのは苦手な動物です。ストレスにならないよう、1日15分までを目安に触れあいましょう。

きついにおい

嗅覚が良いので、香水やハンドクリームをつけて触らないこと。無香料の石けんで洗ってから触りましょう。

接触がストレスにならないように注意

飼い主さんに慣れて手に乗ってくれるようになったハムスターでも、嫌なことをされれば不安や恐怖を感じます。飼い主さんや人の手を「嫌なことをする存在」と覚えてしまうと、世話や交流がしづらくなります。それまで築《きず》いた信頼関係は、振り出しどころかマイナスになってしまうかもしれません。

ハムスターは繊細《せんさい》でストレスに弱い生き物です。無理に持たれたり触《さわ》られたりすることでストレスがたまり、体調や寿命に悪影響を及ぼします。良かれと思ってかまいすぎずに、適度にコミュニケーションを取るようにしましょう。

鼻や耳が良いので、においや物音も飼い主さんの想像以上に苦手。ハムスターがどんなことを嫌がるのかを知っておいて、ハムスターを怖がらせないように細心の注意を払いましょう。

触るときは持ち上げて抱っこした状態で、親指や人さし指でやさしくなでましょう。

頭や背中は比較的触りやすいところ。警戒心が強いので弱点の腹部は無理に触らないようにしましょう。

指で頭や背中をやさしく触る

飼い主さんの手に慣れてきたら、触り方も覚えておきましょう。コミュニケーションができて楽しいうえ、お世話もしやすくなります。やさしくなでられるようになれば、ハムスターも気持ちいいと感じてくれるはずです。

ハムスターを触るときは、片方の手のひらにのせた状態で、空いている手の指を使って触ります。まずは頭や背中から始めるのがコツ。頭は前から後ろへやさしくなでること。背中も同様に、首から腰のあたりまでゆっくり触ります。毛並みに沿ってなでるのが良いでしょう。

敏感《びんかん》な尾や耳、弱点の腹部は触られることを嫌がるハムスターが多いので注意。足をつまむように触ると脱臼や骨折の危険があります。また、慣れているハムスターでも、突然上から指を伸ばして頭を触るのは避けましょう。

散《さん》歩《ぽ》をさせてみよう

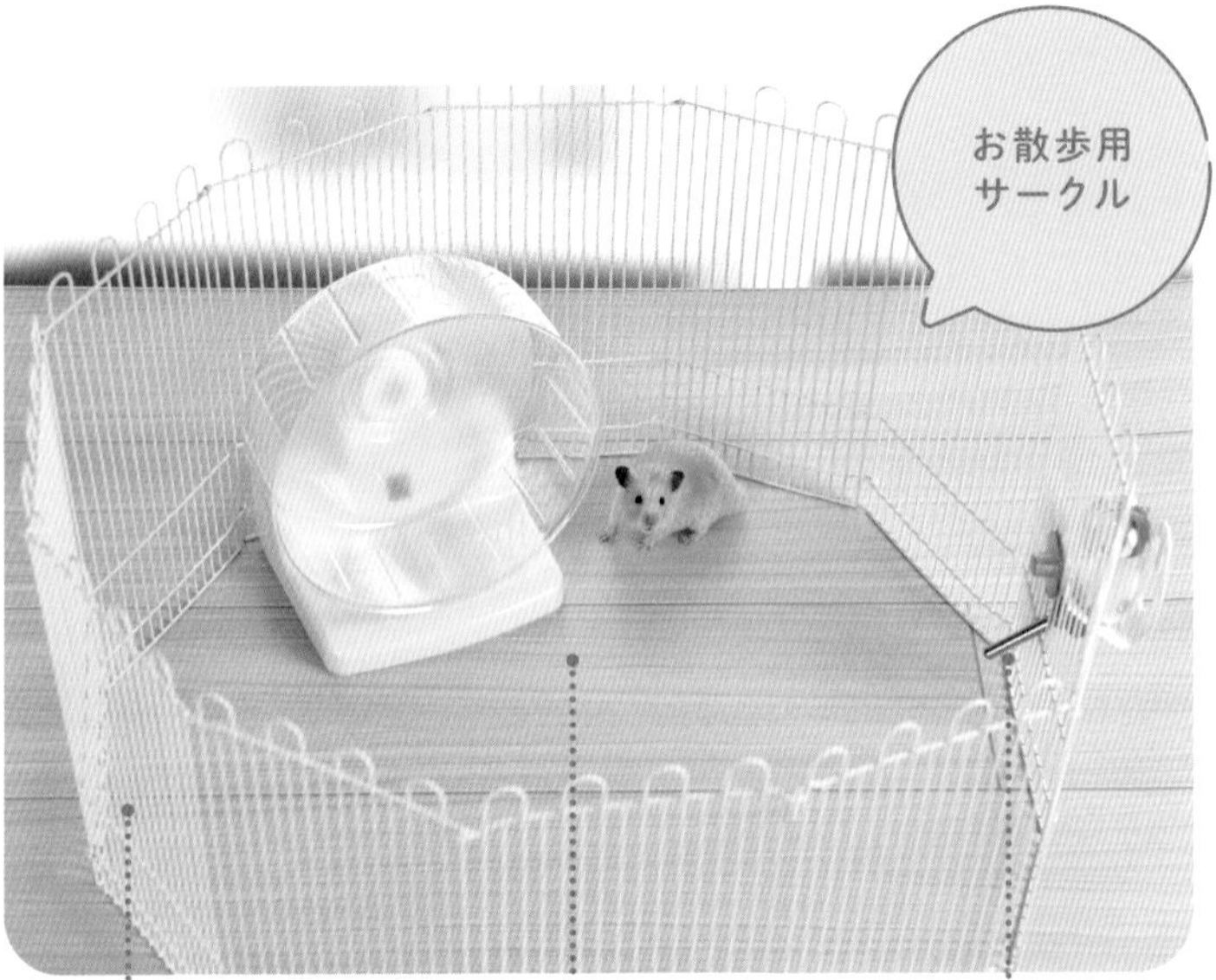

専用のサークル

ハムスターやウサギ用に販売されている、専用のサークルが安心です。ハムスターは少しの隙間でもすり抜けるため、柵の幅には注意しましょう。

場所選び

おしっこをしてしまっても拭ける場所を選ぶのが理想的です。ペットシーツは誤飲の可能性があるため使用は避けます。また、飲み込む危険のあるゴミや小物も事前に片付けましょう。

グッズ

いつも使っている回し車や給水ボトルを設置したり、おやつを隠して宝探しをさせたり、思い切りからだを動かしてもらいましょう。

ケージから出す前に安全を確認する

市販のケージを狭く感じるハムスターもいるので、運動や気分転換を兼ねて広いところで散歩をさせてみても良いでしょう。ケージから出るのを好まない性格のハムスターもいるので、散歩は必ずしなければいけないわけではありません。

まずは部屋の一角を小動物用のサークルで囲い、回し車や給水器ボトルを設置して運動場をつくります。安全を確認してから遊ばせましょう。

サークルを使わず部屋に出す場合は、ハムスターがかじると危険な電源コード類や観葉植物などをすべて片付けること。隙間《すきま》や段差をなくしたり、カーテンをよじ登らないようにまとめたりして、安全な環境を整えてください。

散歩中は、事故が起きないように、飼い主さんは絶対にハムスターから目を離さないようにしましょう。

散歩は時間を決めて

散歩の時間は最長でも1日30分。明るい場所が苦手なので長すぎるとストレスになります。

サークルを使おう

飼い主さんが踏んでしまったり、電源コードをかじったり、部屋の中は危険がいっぱいです。なるべくサークルを使って散歩させましょう。

目を離さないで

普段はケージの中にいるので、ハムスターは外の世界に興味津々です。目を離したすきにケージの外に巣を作ったり、ケージの外から食べ物を持ち帰ったりしないよう気を付けましょう。

こんな病気に気をつけよう

ケガ ▶ p132

ハムスターを中に入れられるプラスチック製のボールを使うときは要注意。散歩をさせているときに家具にぶつかったり、部品に足を挟んだりしてケガをしてしまうかもしれません。また、パニックを起こせば大きなストレスになる危険も。便利に見えるアイテムであっても、ハムスターの安全を第一に考えて使いましょう。

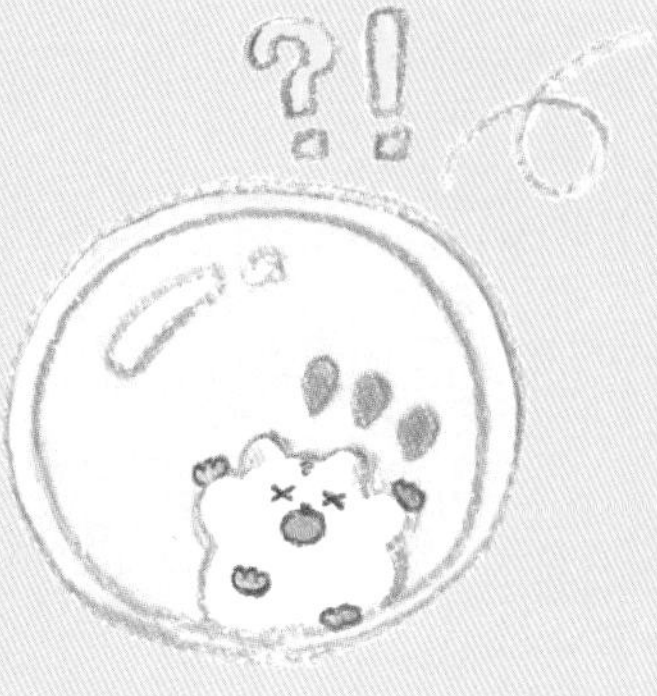

ハムスターの気《き》持《も》ちを知《し》ろう

ジージーと鳴く

「ジージー」という鳴き声は不快感や嫌悪感を示すサインです。寝起きに触られたり、嫌なことをされたりしたときにこの声で鳴きます。

フリーズ（静止）する

物音や気配に驚いたときに動きを止めるのがフリーズと呼ばれる動作です。耳を立てて周囲を探り、安全かどうかを確かめています。

巣箱から出てこない

明るい所に出てこないのは、巣穴で暮らしていた習性のなごりです。夜、暗くなっても巣箱から出てこないときは病気を疑いましょう。

鳴き声には必ず理由がある

ハムスターはまったく鳴かない動物と思われがちですが、怒っているときや恐がっているときに鳴くことがあります。緊急《きんきゅう》事態《じたい》のサインと考えて、すぐに原因を探って適切に対処しましょう。

たとえば「ジージー」という鳴き声は威嚇《いかく》の表現で、不快なことに対して怒っているケースが大半。「キーキー」という高い鳴き声は、怖がっているサインです。ハムスターが突然鳴き始めると驚《おどろ》くかもしれませんが、必ず意味があるので気持ちを読み取ってあげることが重要です。

満たされてうれしい気持ちのときに「キュッキュッ」と短く鳴くこともあります。また、驚いたときに悲鳴を上げたり、眠っているときに寝言《ねごと》のような声を出したりすることも。あまり鳴かないハムスターもいますが、ときには耳を澄ませてみましょう。

トイレ以外でのおしっこは、マーキングを意味します。なわばりの主張や環境に不満があると考えられるでしょう。

耳が寝ているときは睡眠中や寝起き、食事に集中しているときです。しかし、目が覚めていて食事中でもないのに耳がずっと寝ている場合は、病気を疑いましょう。

はじめからあまり回し車を使わないハムスターもいます。もし今まで回し車を使っていたハムスターが急に使わなくなったら、病気の可能性があります。

しぐさや行動から読み取ろう

あまり鳴かない動物だからこそ、しぐさや行動から気持ちを読み取ることも必要です。とはいえからだが小さい分、動作も小ぢんまりしていて気付きにくいこともあります。「何を考えているのかわからない」とあきらめず、ハムスターの様子をよく観察して理解を深めましょう。

たとえば「フリーズ」は危険を察知して警戒《けいかい》している状態。よく見られる場合はケージの中が落ち着かない可能性が高いので、生活スペースを見直して改善することが重要です。「耳が寝ている」ときは安心しているときや眠っているとき。このときは、ハムスターを驚かせるようなことは控《ひか》えましょう。かわいいしぐさを見ているだけでも癒《い》やされますが、その奥にある気持ちも理解できるようになると、ハムスターを飼うのがもっと楽しくなります。

ハムスターの噛《か》み癖《くせ》

長い前歯

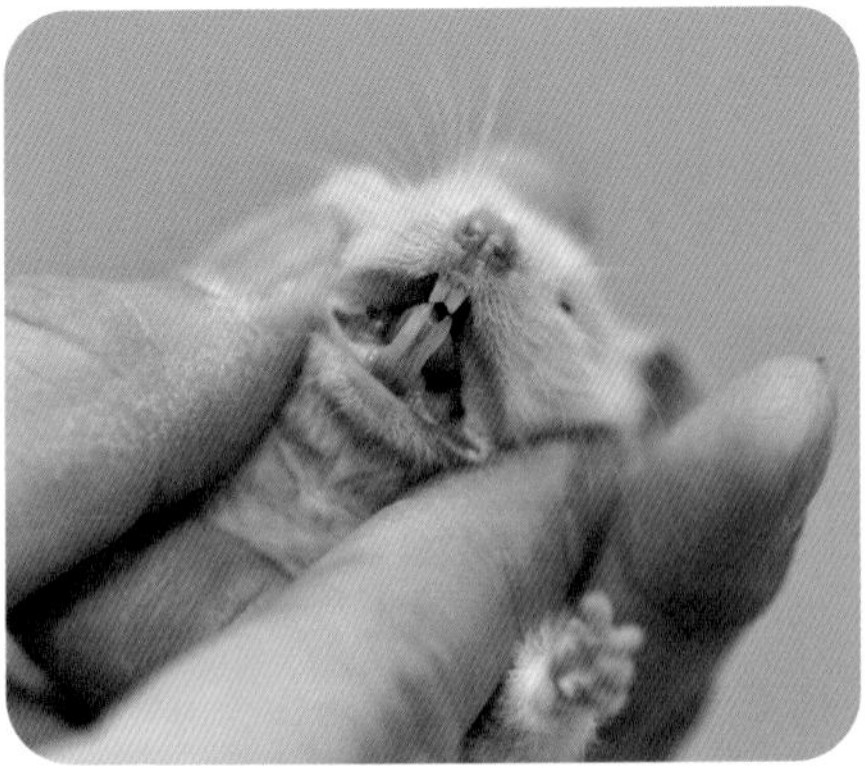

ハムスターの前歯は約1〜2cm。噛まれるとても痛いですが、噛まれたからといって振り落としてケガをさせないように注意しましょう。

木のおもちゃでストレス軽減

よく何かをかじっている場合は、ストレスを抱えているのかもしれません。木製のおもちゃで噛む欲求を満たしてあげましょう。

身を守るためやストレスで噛みつく

本来、ハムスターは穏やかな性質で、むやみに攻撃的になることはありません。しかし飼い主さんの中には、ケガをするほど噛《か》まれたことがある人もいます。噛まれてしまったときの対処法を知っておきましょう。

噛《か》み癖《くせ》ともいわれますが、実は癖《くせ》ではなく、危険を感じて身を守るための攻撃《こうげき》やストレスによる行動が大半です。飼い主さんの手などを噛む場合は、ハムスターに恐怖を与えるような接し方をしている可能性が高いので、まずは持ち方（▼p72）から見直しましょう。すでに人間の手に嫌な印象をもたれている場合は特に、無理強いは禁物です。

好奇心旺盛《こうきしんおうせい》な性格のハムスターは、飼い主さんの手に興味をもって甘噛《あまが》みすることも。急に動かすと驚かせてしまうので、離してくれるのを待ちましょう。

噛まれても
あわてない

噛まれたときに慌《あわ》てて手を引っ込めると、ハムスターにとっては「敵を撃退した」という学習になりかねません。手を動かさず、ハムスターから離してくれるのを待ちましょう。

手の甲で
においを
覚えさせる

指先は柔らかく噛まれやすいため、手の甲や側面など、噛みづらく比較的かたい部分でにおいを覚えさせましょう。

手袋を
つけてもOK

反射的に噛んでしまう性格のハムスターの場合は、手袋をつけてもOK。手袋をつけていれば噛まれても痛くないので、噛まなくなったら手袋をはずして接してみると良いでしょう。

こんな病気に気をつけよう

アナフィラキシーショック

ハムスターに何度も噛まれていると、飼い主さんがアナフィラキシーショックを起こす危険があります。じんましんや呼吸困難などの症状が現れ、重度の場合は命に関わる可能性も。出血するほど噛まれたら傷口をよく洗ってください。まれなケースなので過剰に心配する必要はありませんが、噛みつかれないようにしましょう。

4章

ハムスターの健康管理について

ここでは、ハムスターがかかりやすい病気について症状や原因、治療法、予防法を細かく紹介します。

ハムスターは、病気の進行がとても早い動物です。

これを読んでいち早くハムスターの異変に気づけるようにしておきましょう。

ハムスターのからだ・排泄物

部位	症状	病名
目	目のまわりが赤い	▶ p94 結膜炎《けつまくえん》
	涙や目やにが増えた	▶ p94 結膜炎《けつまくえん》
	まぶたが腫れている	▶ p96 麦粒腫《ばくりゅうしゅ》
	目が白く濁る	▶ p98 白内障《はくないしょう》
耳	耳が赤い	▶ p100 外耳炎《がいじえん》
		▶ p101 中耳炎《ちゅうじえん》・内耳炎《ないじえん》
口	前歯が曲がっている	▶ p102 不正咬合《ふせいこうごう》
	口が閉じない	▶ p102 不正咬合《ふせいこうごう》
	頬袋が腫れている	▶ p104 頬袋《ほおぶくろ》の脱出《だっしゅつ》
	口から頬袋が飛び出している	▶ p104 頬袋《ほおぶくろ》の脱出《だっしゅつ》
皮膚	フケが出ている	▶ p106 ニキビダニ症《しょう》
		▶ p110 真菌性皮膚炎《しんきんせいひふえん》
	脱毛	▶ p106 ニキビダニ症《しょう》
		▶ p108 アレルギー性皮膚炎《せいひふえん》
		▶ p111 細菌性皮膚炎《さいきんせいひふえん》
		▶ p124 腫瘍《しゅよう》
	しこりができた	▶ p124 腫瘍《しゅよう》
生殖器	メスの生殖器から出血している	▶ p122 子宮疾患《しきゅうしっかん》
おしっこ・うんち	水っぽい下痢、尻尾がぬれている	▶ p112 ウエットテイル
	下痢	▶ p114 肝臓病《かんぞうびょう》
		▶ p118 直腸脱《ちょくちょうだつ》・腸重積《ちょうじゅうせき》
	便秘	▶ p116 腸閉塞《ちょうへいそく》
	おしっこが増えた	▶ p126 腎不全《じんふぜん》
		▶ p136 糖尿病《とうにょうびょう》
	おしっこが出なくなった	▶ p126 腎不全《じんふぜん》
	おしっこの回数が増えた	▶ p128 結石《けっせき》
		▶ p127 膀胱炎《ぼうこうえん》
	おしっこに血が混ざっている	▶ p127 膀胱炎《ぼうこうえん》
		▶ p128 結石《けっせき》

ハムスターの様子・しぐさ

ハムスターの様子	病名
目をかくしぐさが増えた	▶ p94 結膜炎《けつまくえん》
視力が落ちた	▶ p98 白内障《はくないしょう》
耳をかくしぐさが増えた	▶ p100 外耳炎《がいじえん》
	▶ p101 中耳炎《ちゅうじえん》・内耳炎《ないじえん》
からだをかくしぐさが増えた	▶ p106 ニキビダニ症《しょう》
	▶ p108 アレルギー性皮膚炎《せいひふえん》
	▶ p110 真菌性皮膚炎《しんきんせいひふえん》
	▶ p111 細菌性皮膚炎《さいきんせいひふえん》
食欲がなくなった、体重が減った	▶ p102 不正咬合《ふせいこうごう》
	▶ p114 肝臓病《かんぞうびょう》
	▶ p116 腸閉塞《ちょうへいそく》
	▶ p130 心疾患《しんしっかん》
	▶ p136 糖尿病《とうにょうびょう》
食べる量が異常に増えた	▶ p136 糖尿病《とうにょうびょう》
鼻水・くしゃみが出る	▶ p108 アレルギー性皮膚炎《せいひふえん》
	▶ p120 ウイルス性《せい》・細菌性呼吸器疾患《さいきんせいこきゅうきしっかん》
呼吸がおかしい	▶ p130 心疾患《しんしっかん》
使っていない手足がある	▶ p132 骨折《こっせつ》
首が傾く、まっすぐ歩けない	▶ p137 斜頸《しゃけい》
元気がない	▶ p130 心疾患《しんしっかん》
	▶ p134 熱中症《ねっちゅうしょう》
からだが熱い	▶ p134 熱中症《ねっちゅうしょう》
動かない	▶ p135 仮冬眠《かりとうみん》

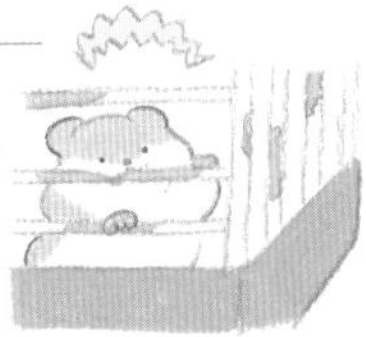

健康《けんこう》チェックをしよう

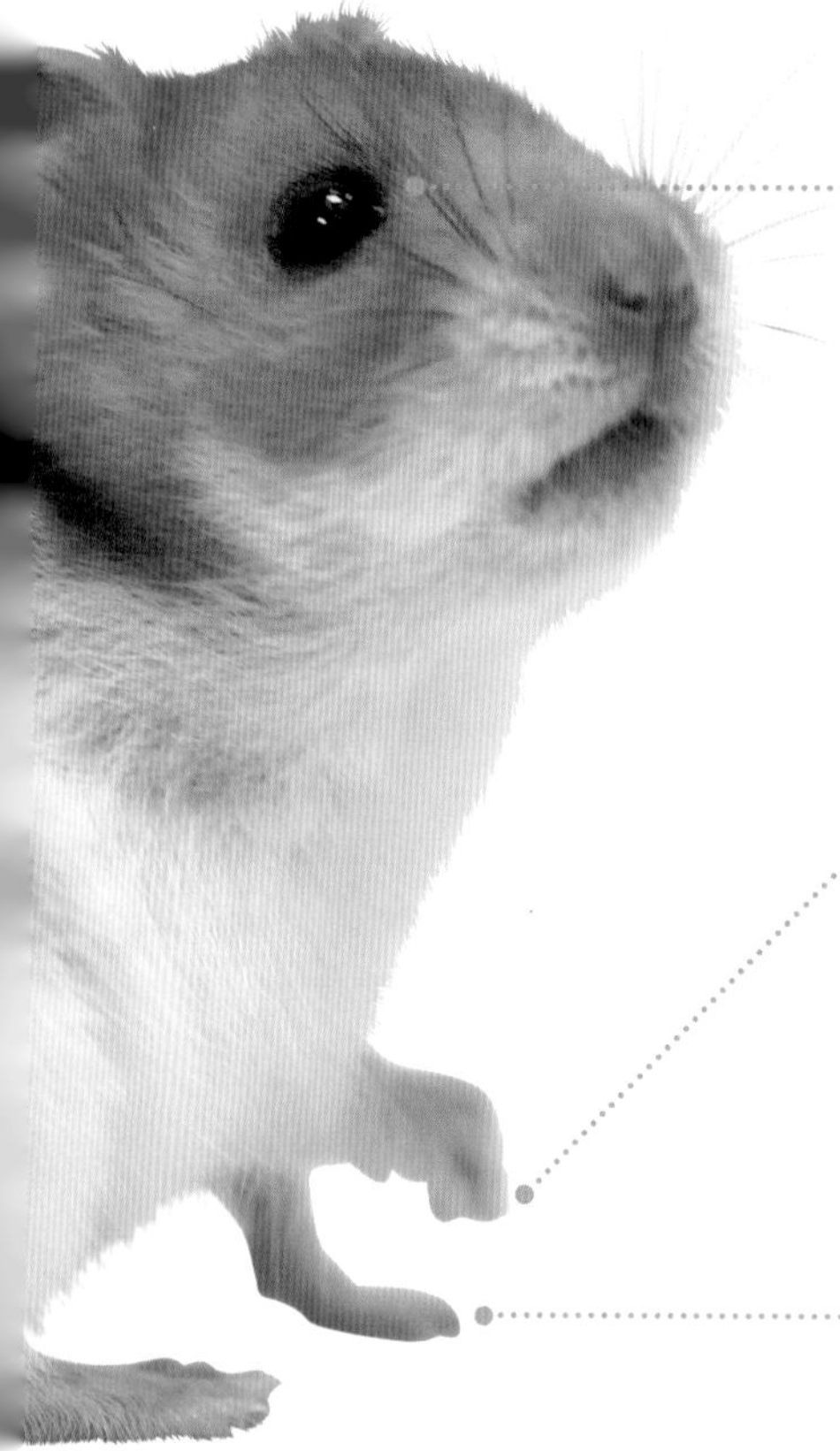

目

ぱっちりと目をあけているか、しょぼしょぼさせていたり、目やにがついていたりしないかを確認しましょう。

爪

人間と同じようにハムスターも爪がのびますが、適度に運動していれば自然とすり減るもの。爪が伸びすぎていたら、具合が悪いのかもしれません。

歩き方

お腹をつけて歩いていたら、太りすぎか、足に力が入りにくい状態が考えられます。他にも足や腕をケガしていると不自然な歩き方になるので注意しましょう。

変化を見逃さないために
チェックを毎日の習慣に

ハムスターはからだが小さいだけに、ほんのわずかな不調でも命に関わる可能性も少なくありません。それだけに、早期発見・早期治療が大切になるのです。不調に気付いてあげるのは、身近にいる飼い主さんの重要な役割でもあります。健康チェックを毎日の習慣として行いましょう。

まず飼い主さんが見てわかるものとしては、上であげたような外見の変化です。ただし、変化に気づくには普段からよく見ておき、健康時の状態を把《は》握《あく》しておくことが欠かせません。

外見だけでなく、毎日体重を量《はか》っておくことも重要です。いつもと同じ食事の量を与えているのに体重が減っていたら、「どうしてだろう」と異変に気付くことにつながります。

おしっこやうんちの量や回数、状態をチェックすることも、体調確認のために毎日必ず行いましょう。

耳

起きているときは基本的にピンと立っています。耳が後ろに寝ていたり、汚れていたりしたら不調のサインかも。

毛並み

具合が悪いと毛が逆立ち、パサパサでツヤがなくなります。脱毛がないかどうかも確認しましょう。

おしり

おしりの周辺の毛が黄色くなっていたり、ぬれている場合は下痢を起こしている可能性があります。

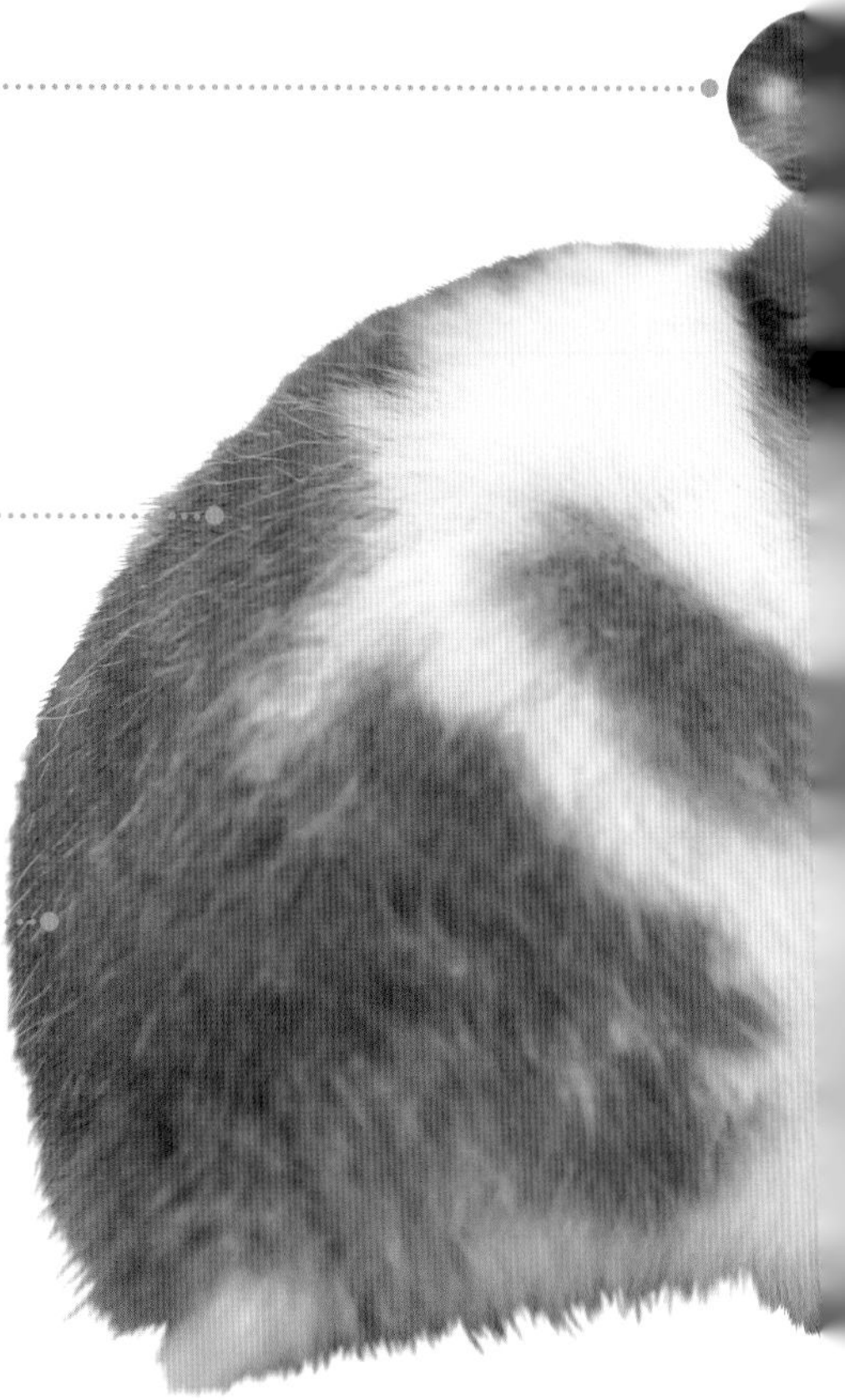

わずかな異変でも早めに動物病院で診察を

健康チェックにあたっては背中側からだけでなく、できればからだをひっくり返して、おしりの周辺が汚れていないかどうかも確認します。そのためには小さい頃から人に触られることに慣らしておきましょう。

ハムスターは人間の約30倍もの速さで年齢を重ねるといわれています。異変を感じたのに、1日様子を見るだけで、1ヵ月も治療が遅れることになります。そう考えると、「まだ大丈夫」と思うのではなく、少しでも早く診《み》てもらうことが大切です。

弱った姿を見せると外敵《がいてき》から狙われてしまうため、具合が悪いところがあっても隠す習性があります。毎日のお世話やコミュニケーションを通して、少しでも違和感《いわかん》を持ったらまずは病気を疑いましょう。日頃のチェックが健康に長生きしてもらうためには欠かせないことなのです。

動物病院《どうぶつびょういん》の探《さが》し方《かた》

ハムスターにとって長時間の移動はストレスに。自宅から徒歩や車で通いやすい動物病院を探します。近いほうが気軽に相談もしやすいでしょう。

事前にハムスターの診察や手術ができることを確認しましょう。もしくはハムスターやエキゾチックアニマルを専門的に診察している動物病院を紹介してもらえるか相談を。

エキゾチック専門の動物病院が理想

ペットの中で「エキゾチックアニマル」に分類されるハムスターを診察できる動物病院は限られています。ハムスターを飼い始める前に、信頼できる動物病院を探しておきましょう。ハムスターの選び方や迎《むか》え方から相談もできるので安心です。

理想はハムスターの手術が可能な動物病院や、エキゾチックアニマル専門の動物病院や獣医《じゅうい》さんです。電話で問い合わせたり実際に見学に行ったりして、ハムスターの飼育指導や食事指導ができるか確認しましょう。手術や検査もできる動物病院が理想です。

ハムスターを迎えてから2週間程度経ったら動物病院へ健康診断に連れて行きましょう。獣医さんのハムスターへの接し方を見れば、エキゾチックアニマルに慣れているかどうかがわかります。飼い方についても相談に乗ってくれる獣医さんを選びましょう。

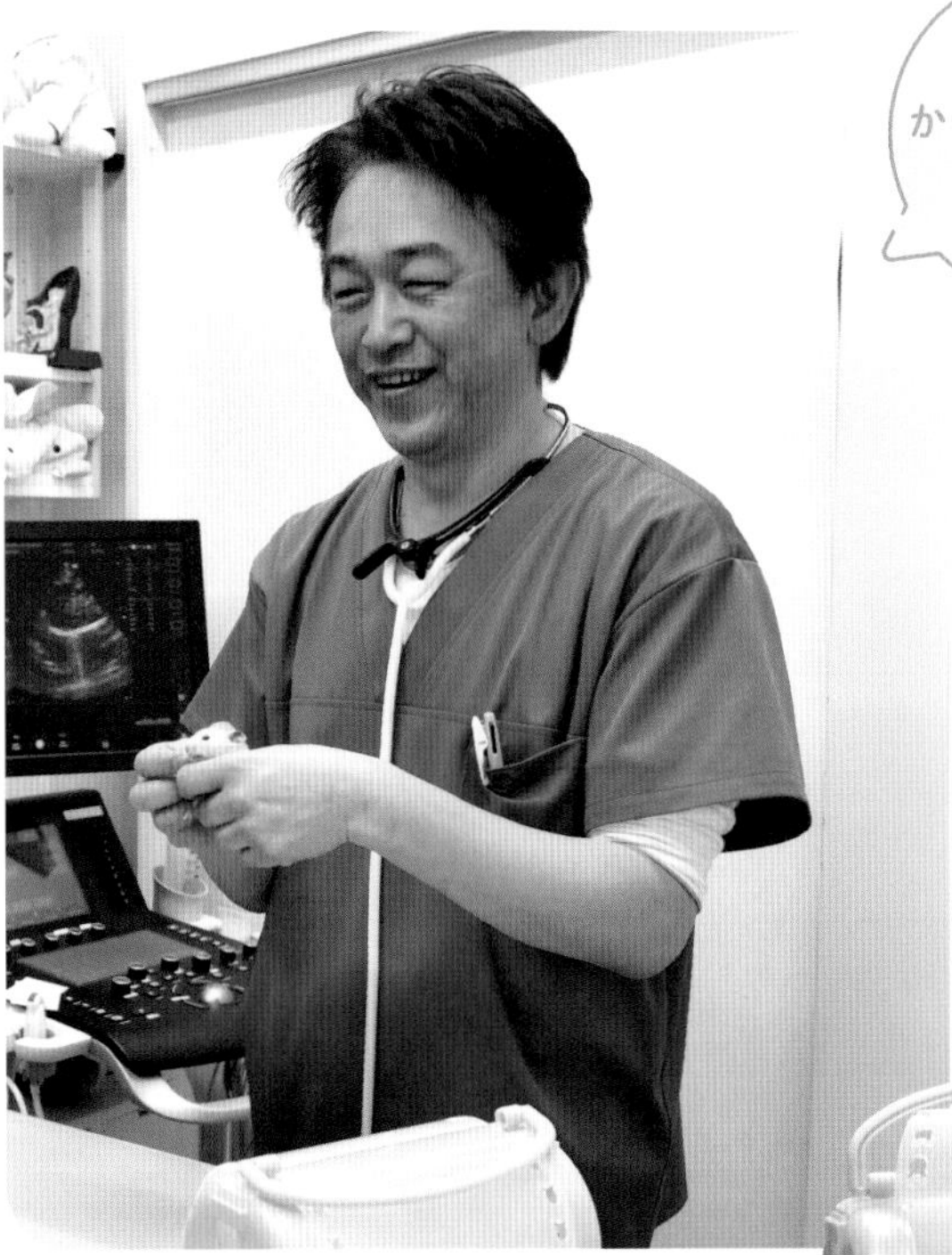

かかりつけ医を見つける

信頼できるかかりつけの動物病院を見つけて、健康診断で来院したときなどにコミュニケーションを図りましょう。急病のときもあわてずに済みます。

外出用のキャリーケース

ハムスターをキャリーケースに入れて動物病院へ行くときは、すぐに診てもらえるよう、床材を少なめに入れるのが良いでしょう。

医療費の目安を確認しておく

動物は大きさによって時間の流れる速さが人とは異なり、小さいハムスターの1日は人の1カ月程度にあたります。ハムスターの病気を1日の放置することは、人の場合1カ月の放置になるわけです。不調に気づいたら、一刻も早く動物病院を受診してください。

ハムスターの医療費の目安は、初診料約500〜2000円、健康診断1回につき約1000円、入院1日につき1000〜2000円、手術1回につき1万円以上です。治療が高額になることもあるので、動物病院を受診した際に見積もりを頼んで判断しましょう。

ハムスターが加入できるペット保険を利用すると、月々の保険料の代わりに医療費の負担が減らせます。加入しない場合は毎月ハムスターのための貯金をしておく方法もあります。

健康《けんこう》診断《しんだん》に行《い》こう

ハムスターの
保定

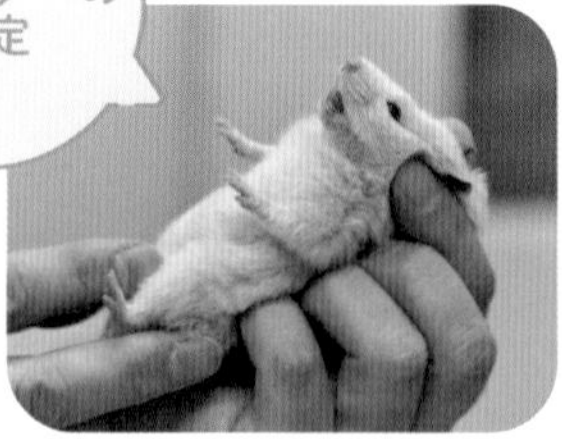

獣医さんがハムスターを保定する場合は、首の後ろの皮をつかむことが多いです。少しかわいそうに見えますが一般的な持ち方で、ハムスターもそれほど苦痛を感じていません。

人間の手に
慣らして
おこう

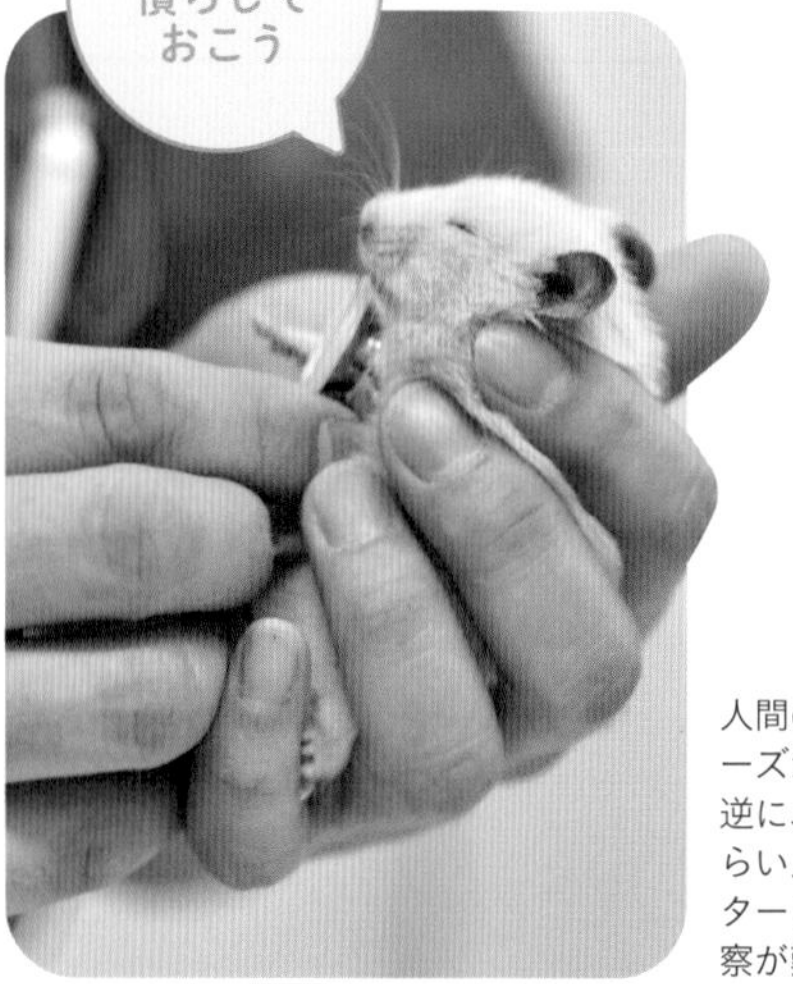

人間の手に慣れていれば、スムーズかつ詳しく診察できます。逆に、飼い主さんが触れないくらい人間に慣れていないハムスターは、どんな獣医さんでも診察が難しくなります。

爪切りも
一緒に

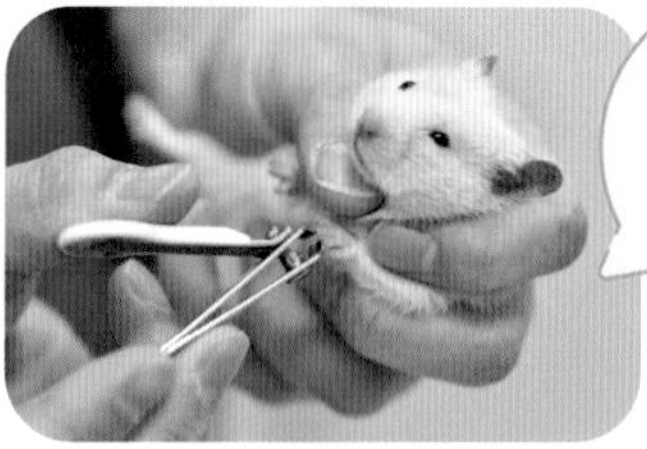

爪切りなどのケアも動物病院で行ってもらうことができます。健康診断のときに一緒にお願いすると良いでしょう。

病気の早期発見
早期治療を目指す

ハムスターは病気を隠す習性があるため、「元気に見えるから大丈夫」と考えるのは危険です。飼い主さんよる毎日の健康チェックを心がけ、さらに動物病院で健康診断を受けましょう。ハムスターに詳しい獣医さんに診てもらうことが重要です。

ハムスターは不整脈《ふせいみゃく》が起きることがあり、心疾患（▼p130）などの見た目ではわからない病気も少なくありません。健康に見えても、不調でつらい思いを抱えている可能性があると知っておくこと。飼い主さんと獣医さんのダブルチェックで、病気の早期発見・早期治療を目指しましょう。

ただし、ハムスターは頻繁に移動させられたり環境が変わったりすることがストレスになります。健康診断は1～3カ月に1回程度が目安です。飼育や食事の相談があれば、飼い主さんだけで動物病院に行きましょう。

歯が曲がっていたり、伸びすぎたりしていないかを確認します。

触診ではしこりの有無を確認します。腫瘍や腹水が見つかることも。

聴診では心音をチェック。不整脈などの心疾患を発見できます。

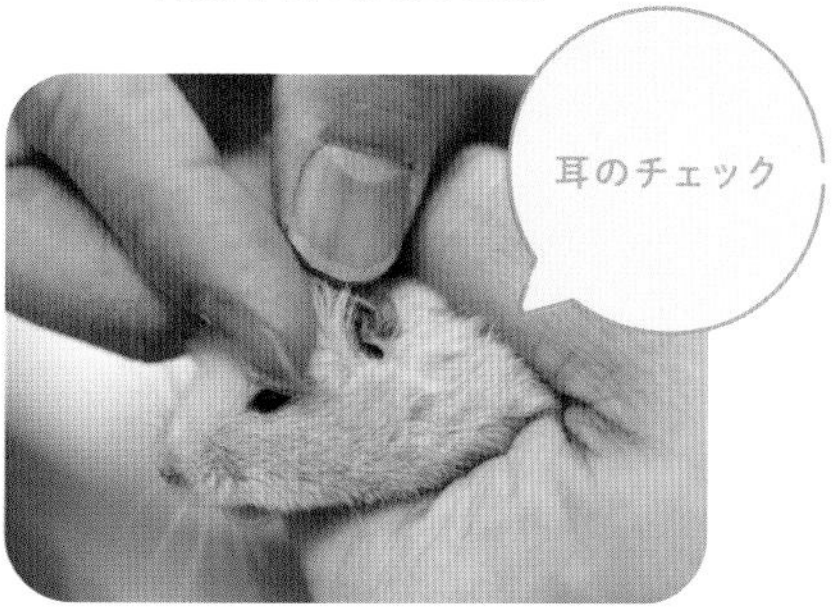

外耳炎に加え、耳道内の腫瘍も確認します。

問診や触診 尿・便検査を行う

動物病院の健康診断では、獣医さんがハムスターの全身の状態を丁寧に確認します。基本は問診《もんしん》、触《しょく》診《しん》、聴診《ちょうしん》です。

問診では飼い主さんに普段の生活や体調などを確認します。気になることをメモしたり、スマートフォンで写真や動画を撮ったりして記録に残しておくのも良い方法です。

触診では耳をめくったり口を横に伸ばしたりして、奥まで確認します。飼い主さんが自宅でチェックしづらいところを中心に診ていきます。仰向《あおむ》けの体勢にして保定するので、細部まで確認できます。

尿・便検査によって病気が見つかることもあるので、可能であれば採取して持っていきましょう。

病気のサインは毎日の暮らしの中で見つかることも多いので、飼い主さんがよく観察することも重要です。

目《め》の病気

結膜炎《けつまくえん》

症状

- ☑ 目をかくしぐさが増える
- ☑ 目のまわりが赤くなる、出血する
- ☑ 涙や目やにが増える

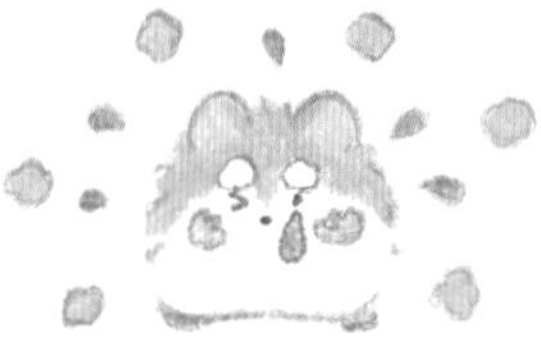

空気中のゴミやホコリが目に入り、細菌感染を起こすのが結膜炎です。ハムスターも人間と同じように、目やにや涙が出ます。

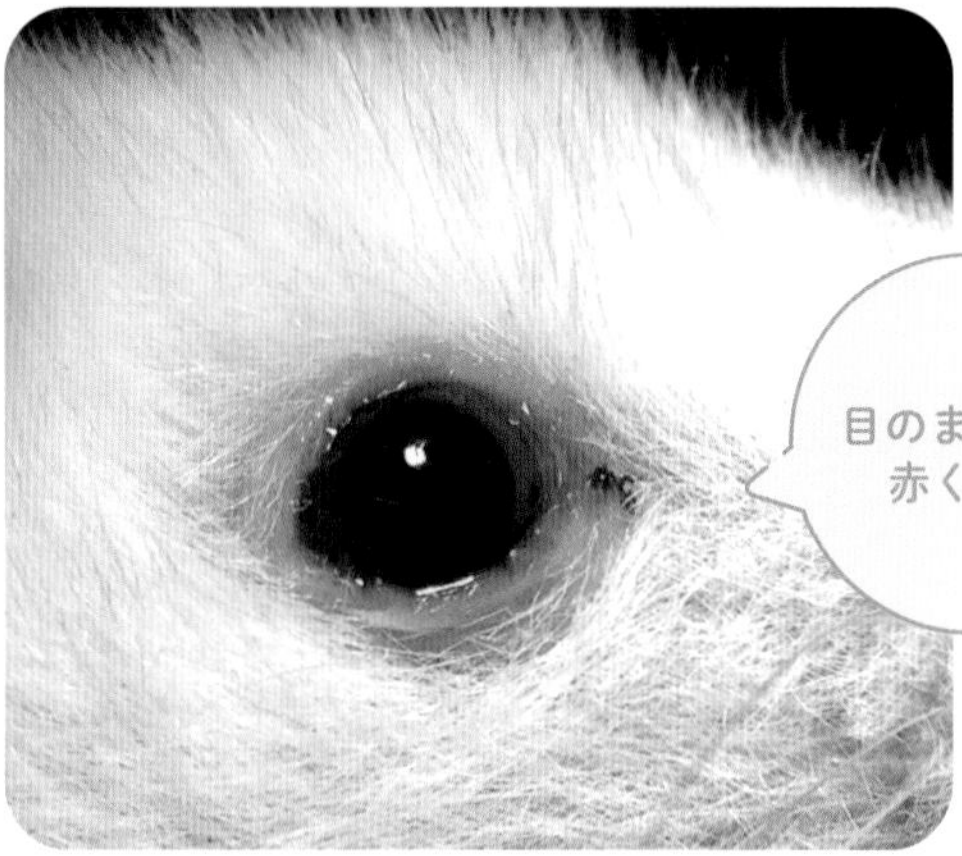

結膜炎になると目のまわりが赤くなります。短期間で悪化する可能性があるため、異変に気づいたらすぐ病院へ。

細菌《さいきん》感染《かんせん》やアレルギーが原因で結膜《けつまく》に炎症が起きる

細菌が結膜（まぶたの裏側）に感染して炎症を起こした状態が結膜炎です。角膜《かくまく》（眼球の表面）に炎症が起きた場合は角膜炎になります。ハムスターは結膜炎のほうが発症しやすい傾向があります。

目にゴミやホコリが入った拍子に、付着していた細菌が結膜に感染することが主な原因です。そのほか、顔まわりをグルーミング（毛づくろい）したり、アレルギーのかゆみで顔をこすったりした際に目を傷つけてしまい、細菌が感染することもあります。

結膜炎になると目のふちが炎症で赤く見え、涙や目やにが増えるのが特徴です。目のあたりを気にしてしきりにかくしぐさも見られます。顔のグルーミングが増えたと思ったら要注意。結膜炎は短期間で悪化しやすく、ときにはまぶたが腫れて出血することもあります。日頃からハムスターを観察して

グルーミングが増えたら注意

きれい好きなハムスターはグルーミング（毛づくろい）を行いますが、頻繁に顔をグルーミングする場合は目の病気を疑いましょう。

原因

- ☑ 細菌感染
- ☑ アレルギー

予防法

- ☑ 適切な頻度での掃除
- ☑ アレルゲンとなりやすいものを避ける

治療法

- ☑ 抗生剤入りの点眼薬を使用する
- ☑ アレルゲンを除去する

トイレ砂から感染することも

トイレ砂の掃除を怠ると、トイレの砂が目に入り結膜炎になることも。

いれば、症状としぐさから早めに発見しやすい病気です。

　動物病院で処方される抗生物質の点眼薬をさして治療していきます。ハムスターの小さな目に点眼薬をさすにはコツが必要なので、本書の「投薬のコツ」（▼p140）を参考に、動物病院で適切なさし方や保定の方法を教えてもらいましょう。

　アレルギーによる場合、かゆみの原因を取り除かない限り再発してしまいます。アレルゲンの疑いがある床材やトイレ砂を見直すことも必要です。アレルゲンになりやすいウッドチップを避けて、刺激の少ないペーパーチップを使用したほうが無難です。

　トイレを中心にケージ全体を清潔に保つことが予防になります。とくにトイレで砂浴びをするハムスターは、排泄物で汚れた砂が目に入った拍子に細菌に感染し、結膜炎になってしまうことも少なくありません。不衛生な環境はさまざまな病気の原因になるので、こまめな掃除を心がけましょう。

目《め》の病気

麦粒腫《ばくりゅうしゅ》（マイボーム腺《せん》腫《しゅ》）

目がはれて瞬きがしづらい

ハムスターは人間のように頻繁に瞬きをする動物ではありません。しかし、目にゴミが入ったり乾燥したりすると瞬きをします。まぶたが腫れると瞬きはしづらくなるので、様子をよく観察しましょう。

症状

- まぶたが腫れる
- まぶたや結膜に白いかたまりができる

まぶたに白いかたまりができる

白いかたまりのようなものがまぶたにできるのが特徴です。結膜炎のように目が赤くなるわけではないので、よく観察しないと発見が遅れることもあります。

まぶたが腫れぼったくなる ハムスターのものもらい

まぶたの内側にあるマイボーム腺《せん》（皮脂腺《ひしせん》）に細菌が感染し、炎症を起こしたり皮脂が詰まったりする「ものもらい」のような病気。麦粒腫ともマイボーム腺腫ともいいます。ジャンガリアンハムスターが発症しやすい傾向があります。

結膜炎（▶p94）と同じく、目に入ったゴミやホコリ、毛づくろいによる傷、アレルギーなどが原因で細菌に感染してしまうと発症します。結膜炎から連鎖《れんさ》して麦粒腫になったり、逆に麦粒腫から結膜炎になったりするケースも少なくありません。また、高カロリーのエサや肥満《ひまん》ぎみの体型も発症リスクを高める一因になります。

麦粒腫の症状は、まぶたや結膜《けつまく》に白いかたまりができること。まぶたが腫《は》れぼったくなって瞬《まばた》きがしづらそうに見えたら、この病気を疑ったほうが良いでしょう。発見が遅れると症状が悪

肥満体型ではなくても、高カロリーな食事ばかりとっていると、脂質によって麦粒腫になる危険性も。おやつのあげすぎには注意しましょう。

原因

- ☑ 細菌感染
- ☑ アレルギー

予防法

- ☑ ケージ内を清潔に保つ
- ☑ 栄養バランスを考えた食事

治療法

- ☑ 抗生剤入りの点眼薬を使用する
- ☑ 手術で脂肪を取り出す

肥満体型の
場合は
要注意!

肥満のハムスターは特にこの病気になりやすいといわれています。肥満体型のハムスターはなるべくダイエットを心がけましょう。

化し、マイボーム腺に皮脂が固まったり、炎症による膿《うみ》がたまったりしてしまいます。

早い段階で動物病院を受診すれば、抗生物質の点眼薬で細菌を退治でき、マイボーム腺の炎症や詰まりも解消します。しかし重症の場合、点眼薬では治らないことも。固まった皮脂膿を取り出すため、まぶたを切開する手術が必要になるケースもあります。目に異変を感じたら、すぐに動物病院を受診しましょう。マイボーム腺は早期の治療で完治した場合も、再発しやすいのが特徴です。日頃から注意深く健康チェックを心がけましょう。

結膜炎と連鎖しやすいので、細菌の感染を防ぐためにもケージを丁寧に掃除することが予防の基本。一日のカロリーを把握して適正体重を維持することも大切です。それでも発症・再発のリスクをゼロにすることは難しいため、日常から健康チェックを。発症リスクが高いジャンガリアンハムスターは、とくに注意深く観察しましょう。

目《め》の病気 白内障《はくないしょう》

元気なハムスターの目

白内障ではないハムスターの目は、全体が黒く見えます。ハムスターは元々目が悪いですが、白内障になるとどんどん見えなくなるので、ゆっくり歩いたりつまづいたりするようになります。

症状

- ☑ 視力が落ちる
- ☑ 目が白く濁る

目の中が白く濁って見える

目の中のレンズ、水晶体が白く濁ることで視力が低下します。明るいところでわかりづらい場合は、部屋を暗くして確認してみましょう。

老化によって水晶体《すいしょうたい》が白く濁《にご》って視力が低下する

目の中でレンズの役割を担う水晶体が濁ってしまい、見えにくくなる病気です。目の中央にある瞳孔《どうこう》が白っぽくなったら白内障を疑いましょう。人間と同じく老化にともなって増えるので、ハムスターは1歳をすぎた頃から発症リスクが高まります。

白内障の大半は老化現象の一種ですが、内臓疾患《ないぞうしっかん》、糖尿病《とうにょうびょう》、遺伝なども原因になります。また、結膜炎や麦粒腫の炎症、アレルギーによるかゆみで顔をかいた傷が原因で、白内障になってしまう可能性もあります。

発症すると水晶体が白く濁ることによって視力がだんだん低下していき、進行するとほぼ失明するケースもあります。ものにぶつかる、段差でころぶ、散歩のときに慎重に歩く、といった様子が見られたら、周囲が見づらくなってきたサインかもしれません。

白内障を完治させる治療方法はあり

白内障の主な原因は老化です。老化は防ぐことができませんが、早く気付いてあげることでなるべく進行を遅らせる治療ができます。1歳を超えたら注意が必要です。

1歳を超えたら注意

原因

- ☑ 老化
- ☑ 目の炎症

予防法

- ☑ 老化は予防できないが、毎日のチェックで早期発見を目指す

治療法

- ☑ 点眼薬で進行を遅らせる
- ☑ 完治はできない

白内障になったら

白内障は、からだは元気でも視力が低下する病気です。走ったり段差を登ったりすることはケガの原因にもなるので、ケージ内の障害物や回し車はなるべくなくし、平らにしましょう。

ませんが、点眼薬で進行を遅らせることは可能です。人間は白濁《はくだく》した水晶体を取り除き、人工の水晶体を入れることでクリアな視界を取り戻せますが、ハムスターの小さな目は手術ができません。とはいえ視覚より嗅覚《きゅうかく》と聴覚《ちょうかく》のほうが優れている生き物なので、視力が低下しても十分生活することができます。痛みはなく、寿命にも影響はありません。ただし他の病気を併発していることもあるので、まずは動物病院で検査を受けましょう。

老化が原因の場合は予防が困難ですが、治療を早めに始めた方が進行を遅らせることができるので、1歳頃から瞳孔《どうこう》の観察を習慣にしましょう。ただしハムスターの目は小さいので、飼い主さんでも変化に気づきにくいもの。瞳孔が大きくなる暗い場所で確認してみるのも一案です。糖尿病を防ぐバランスのとれた食事を与えることも大切。白内障を発症した後は障害物や段差のない安全な環境を整え、思いがけない事故を防ぎましょう。

耳《みみ》の病気

外《がい》耳《じ》炎《えん》

耳をしきりにかいたら注意

ハムスターは毛づくろいのとき、耳もきれいに掃除をします。しかし、あまり頻繁に耳をかくようであれば、耳の病気を疑いましょう。

症状
- 耳をかく
- 耳が赤くなる

原因
- 細菌感染

予防法
- 耳を清潔に保つ

治療法
- 抗生物質を投与する

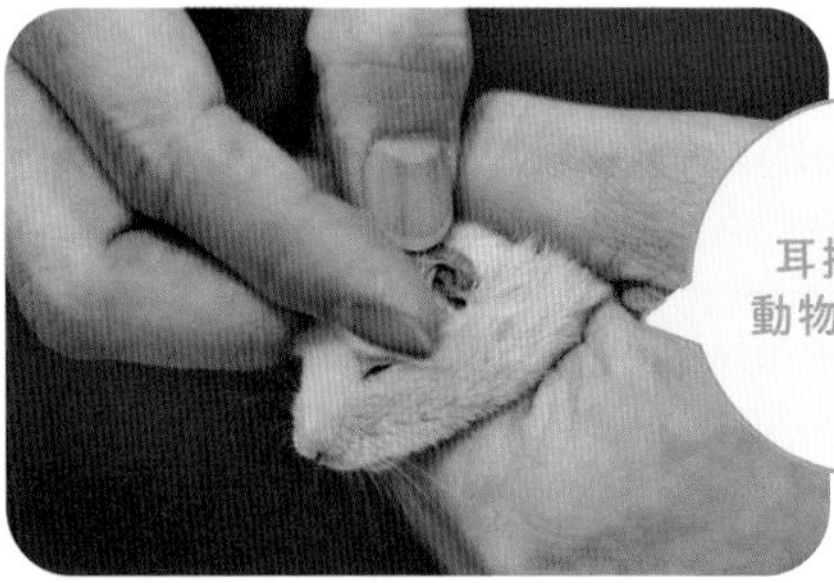

耳掃除は動物病院で

耳あかがたまっているようだと、耳あかの掃除が必要です。家庭で耳あかを取るのはリスクが大きいため、気になったら動物病院を受診しましょう。

耳介で炎症が起きて進行すると膿《うみ》や悪臭《あくしゅう》が出る

外耳炎は耳介《じかい》から鼓膜《こまく》までの部分に細菌が繁殖し、かゆみを伴う炎症を起こす病気です。免疫力《めんえきりょく》が低下する高齢や体調不良のハムスターは高リスクと考えましょう。

たまった耳あかや不衛生な環境によって細菌に感染するほか、耳の常在菌《じょうざいきん》が増えたことも考えられます。

主に耳が赤くなったり脱毛したりする症状が見られます。また、しきりに耳をかくしぐさが見られたら要注意。悪化すると悪臭や膿《うみ》が出てきてしまいます。外耳炎から中・内耳炎（♥p101）に進行しやすいので、早期発見が重要です。

治療には点耳薬や抗生物質を投与しますが、完治まで時間がかかることも少なくありません。

耳を清潔に保つことが予防になります。家庭での耳掃除は傷つける恐れがあるので、動物病院に頼みましょう。

耳《みみ》の病気
中《ちゅう》・内《ない》耳《じ》炎《えん》

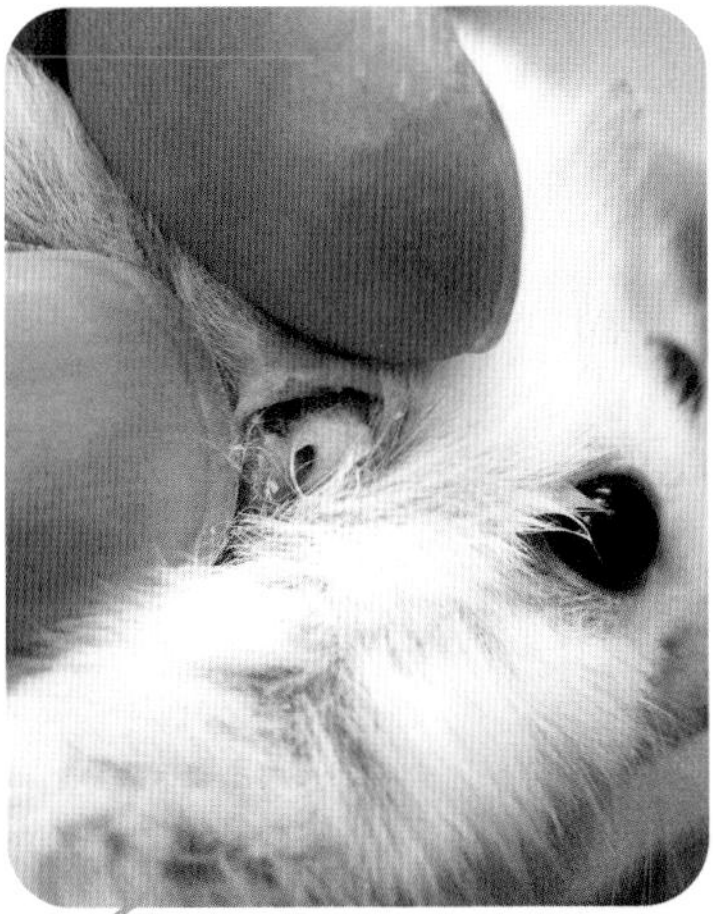

耳の中に
膿がたまる

中耳炎は、耳の外側から少し中に入ったところが炎症を起こして膿がたまります。観察するときは耳の中もよく確認しましょう。

悪化すると
完治が難しい

外耳炎と異なり、炎症が内側で起こるため気づきにくく、悪化して脳にまで炎症が広がることがあります。早期発見が大切です。

症状
- ☑ 耳をかく
- ☑ 耳が赤くなる

原因
- ☑ 細菌感染

予防法
- ☑ 耳を清潔に保つ

治療法
- ☑ 抗生物質を投与する

鼓膜の奥まで炎症が進むと脳に異常が出ることもある

中耳（鼓膜の奥）や内耳（最奥で三半規管《さんはんきかん》などがある）に炎症が起きるハムスターに多い耳の病気。とくにジャンガリアンのパールホワイトに見られる傾向があります。

原因は、細菌の繁殖で、耳掃除の際についた傷から感染する場合もあります。外耳炎（▼p100）が進行して発症するケースが大半です。

主な症状はかゆみ、赤み、脱毛など。悪臭を伴う膿が大量に出て、耳道や耳介が固まることも。三半規管まで炎症が及ぶと、平衡感覚《へいこうかんかく》に異常が起きて斜《しゃ》頸《けい》やくるくる回る行動が現れます。悪化すると脳炎になる危険も。

点耳薬や抗生物質を投与し、膿がひどい場合は耳掃除も行います。進行の程度によっては完治が困難なので、進行する前に症状に気づいて治療を開始することが重要です。ケージを清潔に保つことが何よりの予防になります。

口《くち》の病気

不《ふ》正《せい》咬《こう》合《ごう》

ハムスターの前歯は一生伸び続けます。健康なハムスターは、硬いペレットやかじり木などで歯がけずれていくため、伸びすぎることはありません。

症状

- 前歯が曲がる
- 口が閉じない
- 食欲はあるが食べられない

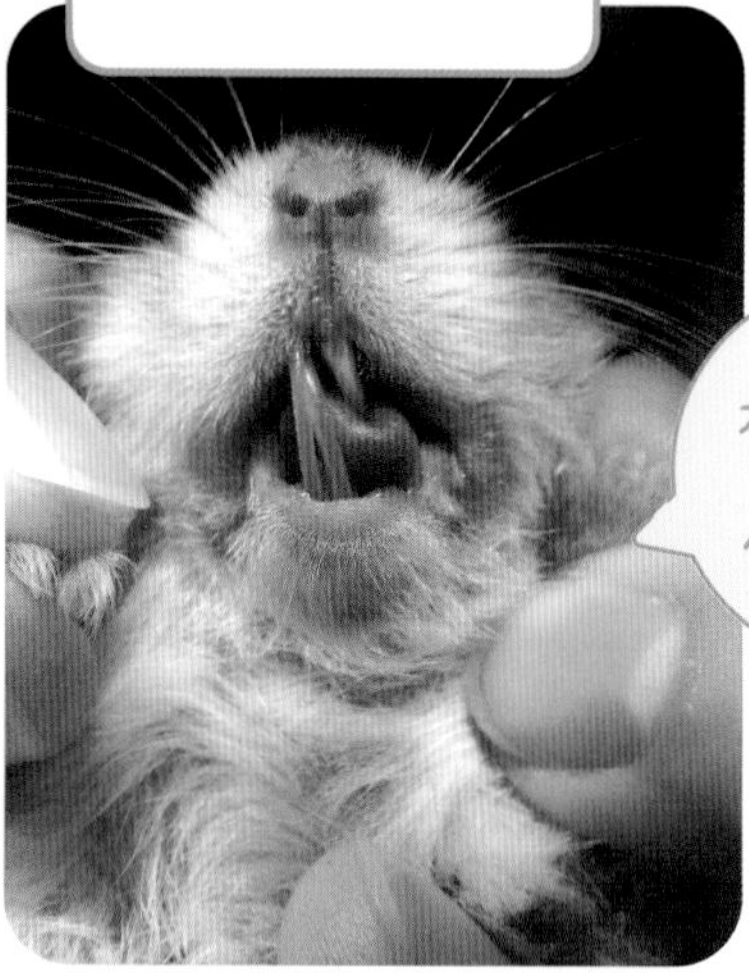

不正咬合になると口がうまく閉じなかったり、舌がしまえなくなったりします。このとき、上の歯は口の内側に、下の歯は上の方に伸びるのが特徴です。

ケージの金網をかじる癖で噛み合わせが悪化

前歯が曲がったり伸びすぎたりすると、噛《か》み合わせが悪くなって不正咬合が起きます。

金網のケージで飼育されているハムスターは、飼い主さんに散歩やおやつを要求するときによく金網をかじってアピールします。硬い木をかじるハムスターの歯も金網には勝てないので、前歯が曲がって噛み合わせが悪くなってしまいます。柔らかいものばかり食べている場合も、歯がけずれないため伸びすぎて問題になります。高所から落下した拍子《ひょうし》に口をぶつけて噛み合わせが歪《ゆが》んでしまう事故にも注意が必要です。

前歯が折れたり曲がったりした状態で伸び続けるので、口が閉じられなくなってよだれを垂らすようになります。悪化すると食事をうまく食べられなくなり、食欲や元気はあるのにやせ

金網ケージをかじる

金網ケージをかじることで飼い主さんにアピールするハムスターもいます。硬いステンレス製の金網をかじることは、ハムスターの歯を歪める一番の原因です。金網をかじらないようしつけが必要です。

原因

- ☑ 前歯をぶつけるなどのケガ
- ☑ ステンレスなどをかじる
- ☑ 歯の伸びすぎ

歯の伸びすぎを防止

予防法

- ☑ 硬いものを与える
- ☑ プラスチックケージに変える

治療法

- ☑ 動物病院で歯をカットする

ハムスター用に販売されているペレットは、適度な硬さがありハムスターの歯の伸びすぎを防止するのに向いています。主食として与えていれば伸びすぎによる不正咬合をある程度防げるでしょう。

てくることも。伸びた歯が口の中を傷つけて炎症を起こすほか、歯があごから突き出す状態になる場合もあります。

伸びすぎが原因であれば、動物病院で歯をカットしてもらうことで一時的に改善します。噛み合わせが悪くなっている場合、歯並びを戻すことができないので、動物病院でその後もカットしてもらうこと。症状によっては抜歯《ばっし》の処置が必要になります。

不正咬合の一番の原因が、要求を訴えるために金鋼のケージをかじる癖なので、飼い主さんがかまわないことが最大の予防になります。アピールに応えていると「かじれば良いことが起きる」と繰り返すようになるので、無視を徹底して「かじっても意味がない」と思わせることが重要です。散歩や食事はハムスターが落ち着いているときに与えましょう。ケージをプラスチック製のものに変えるのも一案です。歯の健康のためにかじり木や硬いものを与え、自分でかじって歯をけずれる環境を整えましょう。

口《くち》の病気

頬袋《ほおぶくろ》の脱出《だっしゅつ》

症状

- 頬袋が腫れる
- 頬袋が口から飛び出す

とがったものはNG!

良く伸びる頬袋ですが、とがったものを与えると頬袋の内側が傷つき、炎症の原因に。なるべく角がないものを与えましょう。

おかしいな？と思ったら

頬袋がずっと膨らんでいるハムスターは、既に炎症を起こして腫れているか、食べ物を入れっぱなしにしているかのどちらかです。病院で確認してもらいましょう。

頬袋が裏返って口の中から飛び出してしまう

ハムスターのチャームポイントである頬袋が、口の中から飛び出してしまった状態のこと。頬袋に食べ物をせっせと詰め込むような食いしん坊は要注意です。

ひまわりの種のようにとがったものを頬袋から頻繁に出し入れしたことで内側の粘膜《ねんまく》が傷ついたり刺激を受けたりして、細菌感染や傷によって生じた炎症や腫《は》れが起きると頬袋脱出の原因になります。ハムスターが頬袋の中身を取り出そうとして頬をくりかえし押したこともきっかけに。そのほか、細菌の感染による炎症や、傷によって生じた腫瘍が原因になることも少なくありません。

巨大化すると腫瘍との区別がつきづらいので、動物病院を受診しましょう。炎症の進行によって膿《うみ》が出る場合もあります。

入れっぱなしも
NG!

ハムスターは頬袋にたくさん食べ物を詰め込み、それを安全な場所に隠します。入れっぱなしにしておくと、食べ物が腐って頬袋の炎症につながります。

原因

- ☑ 細菌感染
- ☑ 腫瘍
- ☑ 頬袋に長時間ものを入れておく

予防法

- ☑ 食べきれる量のペレットを与える
- ☑ べたべたしたものを与えない

治療法

- ☑ 抗生剤の投与
- ☑ 頬袋の切除

手で押し出して
吐き出す

ハムスターは自分の手で頬袋を外から押し込むことで、中身を吐き出します。ケガや病気で腕を切除したハムスターは、自力で吐き出せないため、同時に頬袋も切除することがほとんどです。

まずは、消毒や抗生物質で炎症を抑えることから治療を始めます。頬袋を口の中に戻したり、出ないように縫《ぬ》って固定したりする方法もありますが、ハムスターが違和感で頬をいじり、やがて再発してしまうケースが大半。頬袋はなくても寿命に影響しないので、切除手術を行う動物病院もあります。膿がたまっている場合は切開手術も行います。

頬袋の内側を傷つけないように、とがった種子や硬いものをなるべく与えないようにしましょう。頬袋にくっついて出しづらくなるような溶けやすいものやベタベタしたものも与えないほうが無難です。また、頬袋にものを長時間入れておくと粘膜を刺激する原因になるので、一日に食べきれる量を計算して与えること。翌朝、頬袋の中に何もない状態にしておけば、見えづらい口内に炎症や腫瘍などの異変が起きたときに早く気づけます。もし頬袋に食べ物をためてなかなか出さない場合は、動物病院に相談してください。

皮膚《ひふ》の病気

ニキビダニ症《しょう》

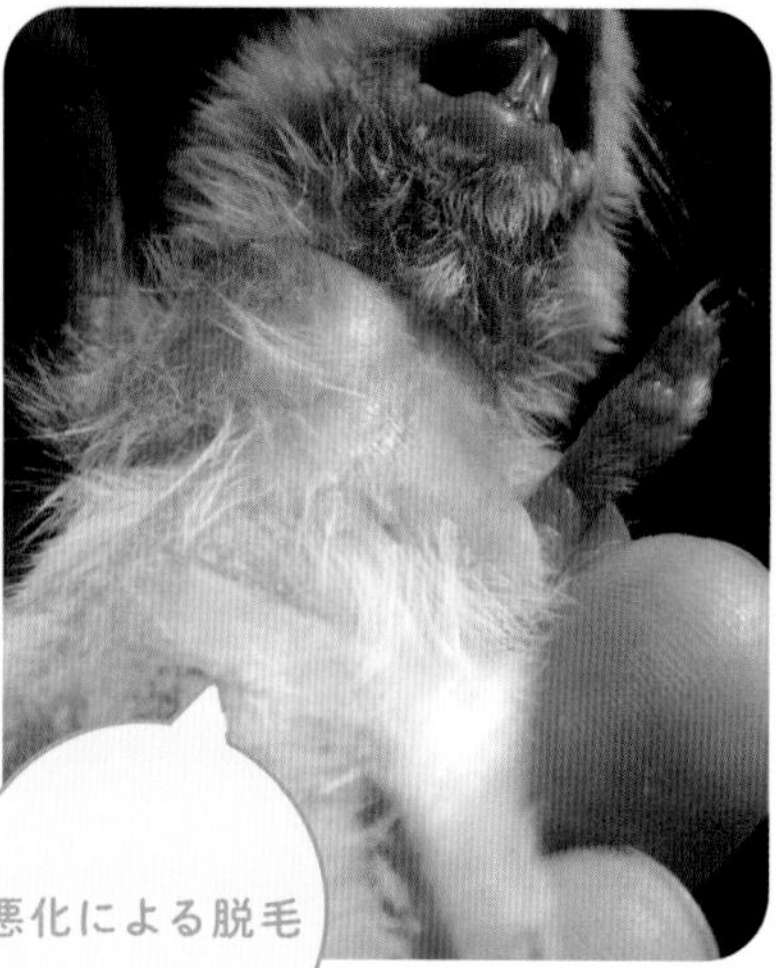

ニキビダニ症がひどくなると、毛が抜けてしまいます。悪化する前に気付けるよう、日ごろの観察を怠らないようにしましょう。

症状

- ☑ からだをかく
- ☑ フケが増える
- ☑ 毛が抜ける

ニキビダニ症は、症状が出やすい範囲がゴールデンハムスターとドワーフハムスターで異なります。飼っているハムスターの種類を踏まえて、よく観察しましょう。

ドワーフハムスター

ゴールデンハムスター

症状が多発する場所

かゆみなどの症状を引き起こす

もともと皮膚にいる寄生虫《きせいちゅう》の一種であるニキビダニが増えると、さまざまな皮膚《ひふ》の異常を引き起こします。

寄生虫のダニの多くは体表についていますが、ニキビダニは毛穴の中に住んでいます。健康なハムスターの皮膚にも存在していて、通常であれば皮膚病を起こすことはありません。しかし不衛生な環境や多湿が原因で、免疫力《めんえきりょく》が下がってしまうと、ニキビダニが増えてしまいます。病気やストレスによって、体力が低下したときに発症することもあります。高齢のハムスターも注意しましょう。

主にかゆみやフケの増加から始まり、症状が進行すると脱毛も起きます。ハムスターの種類によって症状が出やすい箇所が異なるのが特徴で、ゴールデンハムスターは腰から尻、ドワ人にうつるの!?

ニキビダニはハムスター特有のもので、
人間にうつることはありません。

原因

- ☑ 湿度が高すぎる
- ☑ 免疫力の低下

予防法

- ☑ 湿度を低めに保つ
- ☑ ケージ内を清潔に保つ

治療法

- ☑ 薬でニキビダニを減らす

必ず病院へ

ダニの一種が原因の病気ですが、市販されている殺虫剤や殺ダニ剤は効果が薄く、ハムスターにとっても悪影響なので絶対に使用してはいけません。

ーフハムスターは首から腹部の範囲です。

毛穴に隠れているニキビダニを完全に駆除《くじょ》するのは困難で、皮膚病の症状を起こさない程度にニキビダニを減らすことが治療となります。主に注射をしたり飲み薬や塗り薬を用いたりして、かゆみや脱毛などのつらい症状を沈静化させていきます。併せて免疫力の低下を招いた原因を探り、対処していくことも重要です。

ニキビダニの増加にはいくつか理由がありますが、まず注意したいのはケージの掃除の方法や頻度《ひんど》。トイレや寝床が汚れていると、皮膚病を含む疾患の原因に。清潔な環境をつくることがさまざまな病気の予防になります。多湿になっていないか確認するために、湿度計を用いるのも一案でしょう。ハムスターは思いがけないことにストレスを感じやすいので、安心できる住まいを整えなければいけません。栄養バランスのとれた食事で免疫力を維持することも大切です。

皮膚《ひふ》の病気

アレルギー性《せい》皮《ひ》膚《ふ》炎《えん》

床材や食事が原因で
人と同じように
アレルギーを発症

人と同じように、ハムスターもアレルギー反応として鼻水やくしゃみが出たりします。鳴き声とは違う音が聞こえたら要注意です。

症状

- ☑ からだのかゆみ
- ☑ 脱毛
- ☑ 鼻水やくしゃみ

ハムスターのアレルギー反応の原因はさまざまですが、床材などが原因となることもあります。おなかの炎症や脱毛が見られたら、床材を原因のひとつとして疑いましょう。

アレルギーとは、異物からからだを守るための免疫が、床材や食事などに過敏《かびん》に反応している状態。原因になる異物をアレルゲンといいます。皮膚に症状が現れるのがアレルギー性皮膚炎です。アレルギーのしくみは人もハムスターも同じです。

床材にウッドチップを使用している場合、体質に合わずアレルギー反応を起こすことがあります。ほかにも、食事やケージの外にあるもの（ハウスダスト、タバコ、揮発性《きはつせい》のにおいなど）が原因になるケースもあり、動物病院に相談して特定することが重要です。

主なアレルゲンである床材に接することが多い胸やおなかにかゆみ、赤み、脱毛などが見られます。また、くしゃみや鼻水の症状が現れることも。人のアレルギー疾患の症状と変わりません。

遺伝や体質が
原因

人間と同様、ハムスターのアレルギーは遺伝や体質が関係しているため、親子や兄弟を多頭飼いしている場合は同じアレルギーを持っている可能性があります。

原因

☑ 遺伝や体質によるアレルギー反応

ハムスターの床材（▶p34）の中でもアレルギー反応が出にくいのが、紙製のチップです。皮膚に異常が見られたら、一度床材を変えてみると良いでしょう。

予防法

☑ バランスのとれた食事
☑ ケージを清潔に保つ

治療法

☑ アレルゲンを取り除く
☑ 抗アレルギー剤の投与

床材を変えて
みるのも
ひとつの手段

治療を行う場合は、かゆみ止めや抗生物質の飲み薬でつらい症状を抑えながら、アレルゲンをハムスターから遠ざけます。原因は遺伝や体質によって変わるので、まずはアレルゲンの可能性が高い床材や素材の種類を変えることから始めましょう。しばらく経っても治らなければ、食事の内容や周囲の環境を見直します。

アレルゲンを特定できるまで時間がかかることもありますが、原因を遠ざければ改善に向かいます。アレルギー性皮膚炎は完治する病気ではないので、症状が出ないようにするのがポイントです。

床材にはハムスターのアレルゲンになりにくい低刺激・低アレルギーの広葉樹や、ホコリの出にくい素材を使いましょう。食事は定番のペレットを決めておき、おやつにもさまざまな種類を与えすぎないほうが無難。肥満のハムスターほどアレルギー性皮膚炎を発症しやすいという調査もあるので、体重管理を心がけましょう。

皮《ひ》膚《ふ》の病気

真《しん》菌《きん》性《せい》皮《ひ》膚《ふ》炎《えん》

悪化すると
脱毛に
つながる

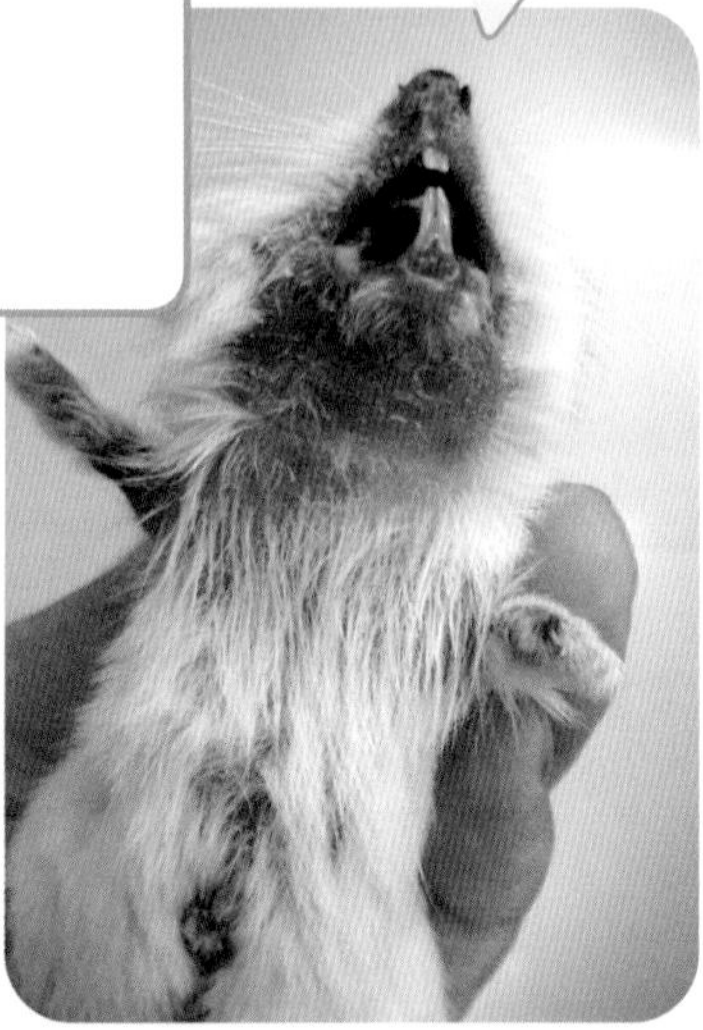

あごの下が真菌性皮膚炎によって脱毛したジャンガリアンハムスター。過剰にグルーミングを行ったり、フケが出るようならすぐ病院に行きましょう。

症状

- ☑ かゆみ
- ☑ かさつき
- ☑ フケ

原因

- ☑ 真菌（カビ）

予防法

- ☑ 水洗いしたグッズは完全に乾かす
- ☑ 湿気が少なく、風通しの良い場所で飼う

治療法

- ☑ 抗真菌薬でカビの増殖を抑える

カビによって水虫のような症状が出る

真菌とはカビのこと。皮膚でカビが増殖することで炎症を起こし、かゆみやかさつき、フケなど、人でいう水虫のような症状が起きます。

真菌性皮膚炎の原因は、ケージ内の多湿がほとんど。人間の目に見えないカビがケージ内に入り込み、ハムスターの皮膚で悪さを働くのです。湿気が多い部屋で飼っている場合は、除湿器を設置してカビの発生を防ぐ必要があります。

治療では、飲み薬や塗り薬の抗真菌《こうしんきん》薬《やく》で症状を抑えていきます。原因となるカビをなくすためにも、動物病院で飼育環境や掃除の方法を相談するのが良いでしょう。

木製の巣箱などを掃除する際は、完全に乾かして湿気を残さないことが大切です。また、ケージ内に湿気がこもらないよう、風通しの良い場所に置くことも忘れないようにしましょう。

皮膚《ひふ》の病気

細菌性皮膚炎《さいきんせいひふえん》

皮膚炎は
見分けが
つきにくい

アレルギー性・真菌性・細菌性などさまざまな皮膚炎がありますが、症状が似通っているため原因の特定は難しいことも。皮膚炎の疑いがある場合は必ず病院で調べてもらいましょう。

トイレを
覚えさせよう

ケージ内を清潔に保つには、トイレの場所を覚えさせることも大切です。なるべく巣箱の外でおしっこをするようしつけておけば、毎日の掃除が楽になり、巣箱の清潔も保たれます。

症状

- ☑ かゆみ
- ☑ 脱毛

原因

- ☑ 黄色ブドウ球菌などによる細菌感染

予防法

- ☑ ケージ内を清潔に保つ
- ☑ トイレを覚えさせる

治療法

- ☑ 抗生剤の投与

身近な常在菌《じょうざいきん》がかゆみを引き起こす

免疫力が低下したり不衛生な環境で飼育したりすると、細菌が感染して皮膚疾患《ひふしっかん》を引き起こします。

原因となる細菌は主に黄色ブドウ球菌です。床材や巣箱、ハムスターや人の皮膚などに存在する常在菌ですが、傷口につくと皮膚炎を引き起こします。怖がりのハムスターは巣箱の中で排泄《はいせつ》することがあり、それに気づかず放置すると細菌が増えてしまいます。

傷口をはじめ、からだのあちらこちらにかゆみや脱毛などの症状が現れます。他の皮膚炎と似ている症状が現れるので、動物病院の検査を行いましょう。主に抗生物質を飲ませ治療していきます。並行してケージの掃除を行うことが再発を防ぐカギです。

定期的にケージや巣箱を掃除して清潔に保つことが予防になります。巣箱は掃除がしやすい屋根が取れる形状がおすすめです。

消化器《しょうかき》の病気

ウェットテイル

お尻がぬれている?

症状

- ☑ 尻尾がぬれたように見える
- ☑ 水っぽい下痢

健康なハムスターはからだを汚さずに排泄ができます。おしりがぬれる症状が見られたら一刻も早く病院に行きましょう。

おしりを確かめるには?

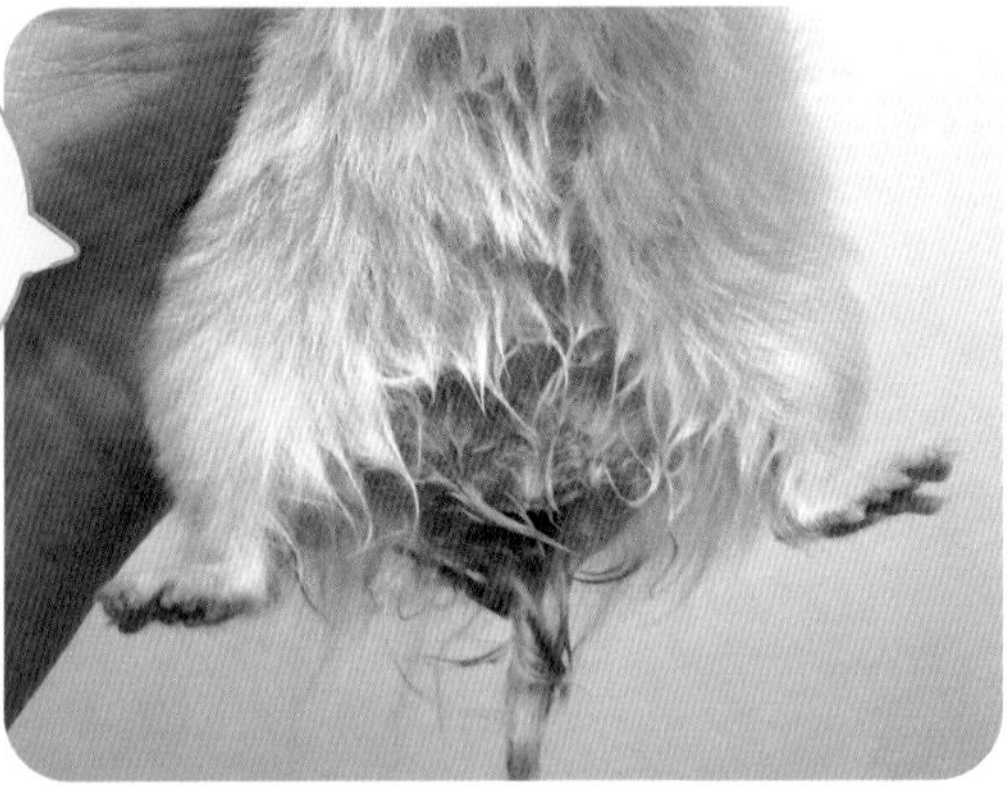

ハムスターの肛門は腹側についているため、持ち上げて確認するのが良いでしょう。いつもはおしりの毛で隠れている短い尻尾が茶色く汚れている場合は要注意です。

感染症や食あたりで水のような下痢《げり》になり亡くなる危険もある

ハムスターのうんちは丸くてコロコロしていますが、細菌の感染やストレスなどによって下痢の症状が起きます。尻尾がぬれてしまうので「ウェットテイル」と呼ばれます。

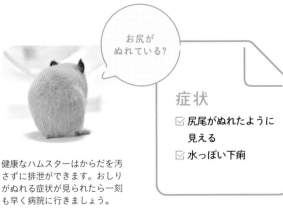

ハムスターは盲腸《もうちょう》がとても発達している生き物です。その中に住む善玉菌のバクテリアが食物を分解し、栄養を作り出しています。ところが善玉菌《ぜんだまきん》が細菌や寄生虫の感染、食あたり、ストレスなどが原因で死滅《しめつ》すると、有害な物質を作る悪玉菌《あくだまきん》が急激に増加します。全身に毒素が回って「毒血症」という症状を引き起こすのです。

ウェットテイルのときのうんちは黄色っぽい水のようなうんちなので、おしっこと勘違いして受診のタイミングが遅れるケースもあります。命に危険が迫っている状態なので、人の下痢と同じように考えて様子を見てはいけま

水分の多い食事も、ウェットテイルの原因のひとつ。主食のペレット以外に、生野菜や果物などの水分が多いおやつを与えるときは、与える量に注意しましょう。

水分のとりすぎに注意！

原因

- 細菌感染
- 水分の多い食事
- ストレス

何か別の病気かも?

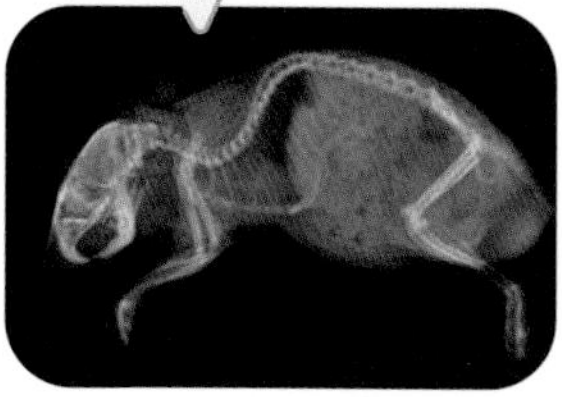

ハムスターのお腹に腫瘍などができると、盲腸が圧迫されて消化不良を起こし、ウェットテイルになる可能性があります。ウェットテイルにはさまざまな病気が隠れているのです。

予防法

- 食事量の管理
- ケージ内を清潔に保つ

治療法

- 抗生剤の投与
- 皮下点滴

せん。症状が現れてからすぐに脱水症状を起こし、2～3日で亡くなることもある怖い病気です。また、下痢をしているからといって水を与えないと脱水が悪化するので、制限しないこと。すぐに動物病院を受診しましょう。

　まずは検便やレントゲン検査で原因を特定し、抗生物質や駆虫薬を投与して治療していきます。脱水症状が見られる場合は、栄養剤を加えて点滴を実施することもあります。治るまでに時間がかかることもあるので、動物病院の指導のもとに、飼育環境の温度や状況を見直しましょう。

　日頃から新鮮なペレットと水を欠かさないようにすることが予防になります。1日で食べきれない量のペレットを与えると、頬袋や巣箱にためたりしているうちに傷んで食あたりの原因になることも。こまめな掃除でケージを清潔に保ち、細菌などが繁殖しにくい環境にしましょう。日頃の観察で早期発見できる病気なので、排泄の状態もチェックすることが重要です。

消化器《しょうかき》の病気

肝臓病《かんぞうびょう》

早期発見のために

症状

- ☑ 食欲がなくなる
- ☑ 体重が減る
- ☑ 下痢を起こす

肝臓の病気は治療が難しいため、なるべく早く不調に気づいてあげたいところ。体重が減り続けるようであればすぐ病院に行きましょう。

症状が出にくい

肝臓の病気は症状が現れにくく、さらにハムスターは身体の不調を隠す習性をもち、採血による検査ができないため、病気の発見が難しいとされています。

好物の与えすぎで食欲や元気が低下し完治が難しい病気

肝《かん》臓《ぞう》は「もの言わぬ臓器」と呼ばれ、人と同じようにハムスターの肝臓病も静かに進行し、急に亡くなることもある怖い病気。ここでは肝《かん》炎《えん》、脂肪肝《しぼうかん》、肝不全《かんふぜん》、肝細胞がんなど、肝臓の機能が低下する病気をまとめて肝臓病と分類します。

不衛生な飼育環境で細菌やウイルスに感染してしまうことが原因。また、ナッツやドライフルーツなど、脂肪分や糖分の多い食事を与えすぎていると発症のリスクを高めます。ストレスによって免疫力が低下して肝臓病になることもあります。

肝臓病の初期にははっきりした症状が現れませんが、食欲の低下、体重の減少、貧血、下痢などが起き、元気がなくなっていきます。進行すると腹水《ふくすい》（おなかに水がたまってふくれる状態）が見られ、この段階で飼い主さん脂肪分や糖分の多い食事は肝臓に負担がかかるため、肝臓病になりやすいとされています。市販のおやつを与える際は、ごほうびとして少量にとどめましょう。

原因

- ☑ 細菌感染
- ☑ ストレス
- ☑ 脂肪分や糖分の多い食事

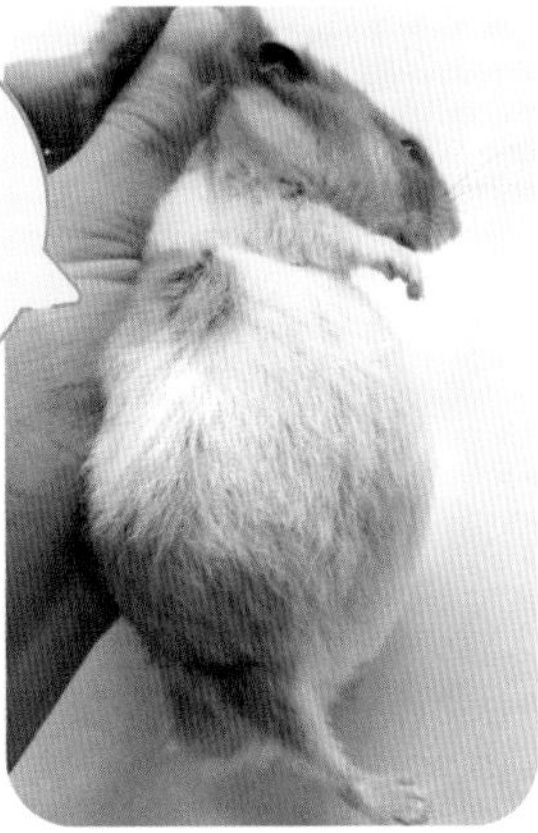

肝臓病が悪化すると、お腹の中に水がたまる「腹水」と呼ばれる症状がみられることも。少しでもお腹に異常なふくらみを発見したら、すぐ病院に行きましょう。

予防法

- ☑ バランスの良い食事

治療法

- ☑ 肝保護剤の投与

が気づくことも少なくありません。肝不全は目の粘膜《ねんまく》や皮膚《ひふ》などが黄色くなる（黄疸《おうだん》）こともありますが、病気がかなり進行している段階で治療が間に合わないことも。また、はっきりとした黄疸が出ないこともあります。

　肝臓病は採血を行って肝数値を調べなければ診断が難しい病気です。一方、小さいハムスターの血液検査を行うのは困難なので、黄疸や腹水などの明らかな症状が出てからでなければ治療が行えない場合もあります。肝臓病を発症すると低下した機能をもとに戻すことはできません。肝保護剤の投与と食事療法で進行を遅らせることが治療になります。

　食事が原因で発症するケースが多いため、まずは栄養バランスのとれた食事を与えること。ナッツやドライフルーツなどハムスターの好物ほど肝臓病の発症リスクを高めます。肥満も大敵なので、ぽっちゃりしてきたと思ったら動物病院に相談しながら体重管理を心がけましょう。

消化器《しょうかき》の病気

腸閉塞《ちょうへいそく》

食欲が低下する

腸が詰まりうんちが出なくなると、食欲が低下します。一日に食べた量を毎日確認しておくことで、食欲の低下にもいち早く気づくことができるでしょう。

正常なゴールデンハムスターのうんち

正常なうんちは、ゴールデンハムスターで約5〜8㎜、ジャンガリアンハムスターで約3〜5㎜程度です。短くコロコロしているのが特徴で、床材の下やトイレ、巣箱、フードの皿などにうんちをします。

症状

- 便秘
- 正常なうんちが出なくなる
- 食欲の低下

布団の綿などを飲み込んで腸に詰まってしまう

ハムスターが消化できないものを口にして、腸で詰まってしまった状態が腸閉塞です。うんちが出にくくなり、亡くなる可能性もあります。大きいゴールデンは小さい異物ならうんちとして出るかもしれませんが、小さいジャンガリアンは危険です。

布団やクッションの綿、床材、タオル、固まるトイレ砂、グルーミングで飲み込んだ毛などが腸に詰まるのが原因です。特に綿を飲み込む事故が増えているので、布製の巣箱や綿の巣材は使用を控えたほうが良いでしょう。

腸閉塞の主な症状は便秘です。腸が詰まっているのでコロコロしたうんちが出ないものの、隙間から水のようなうんちがかろうじて出ていると、便秘ではなく下痢に見えて、「ウェットテイル」(▼p112)と間違えやすいので要注意。食欲や元気の低下、痩せて

巣材の必要性

ハムスターは外敵から身を守るために、巣材を使って寝床を作る習性があります。使用しなくても問題ありませんが、使う場合は木の繊維でできている市販のものや、ティッシュペーパー、キッチンペーパーなどを使用しましょう。

原因

☑ 布や綿の繊維が腸に詰まる

予防法

☑ 綿や布をケージに入れない

治療法

☑ 消化器の働きを良くする薬の投与

症状が見えにくい

腸閉塞は、あまり大きな症状が出ないため、気づきにくい病気です。獣医さんの触診で初めて発覚することも。日頃から食事量の管理を徹底しましょう。

もおなかだけふくれるといった症状を見逃さないようにしましょう。

他にもうんちが出なくなる病気があるので、まずは腸閉塞かどうか確認することから。バリウムを飲ませてレントゲン検査を行い、詰まっているところを特定する方法もありますが、逆にバリウムが詰まる可能性があるので慎重に行います。消化器の働きをよくする薬を投与して排出されるのを待ったり、開腹手術で取り除いたりして治療していきます。どちらにせよ、危険度の高い病気なので、まずは予防することが大切です。

ケージの中にはハムスターが口にしそうな異物を置かないことが重要です。からだの周りを囲まれて安心感を得る動物なので、多少飲み込んでも詰まる危険の少ないティッシュや木の繊維などを原料とした巣材を入れてあげれば十分です。「寒がりだから布団が必要」と思われがちですが、気温よりも外敵に襲われないように身を隠したい習性をもっているからです。

消化器《しょうかき》の病気

直腸脱《ちょくちょうだつ》・腸重積《ちょうじゅうせき》

腸重積は腸が
重なる病気

腸重積とは、腸が折りたたまれたような形で重なってしまう病気で、直腸脱と同じように腸が飛び出します。症状が見られたら病院に連れて行きましょう。

症状

☑ 腸が肛門から飛び出す

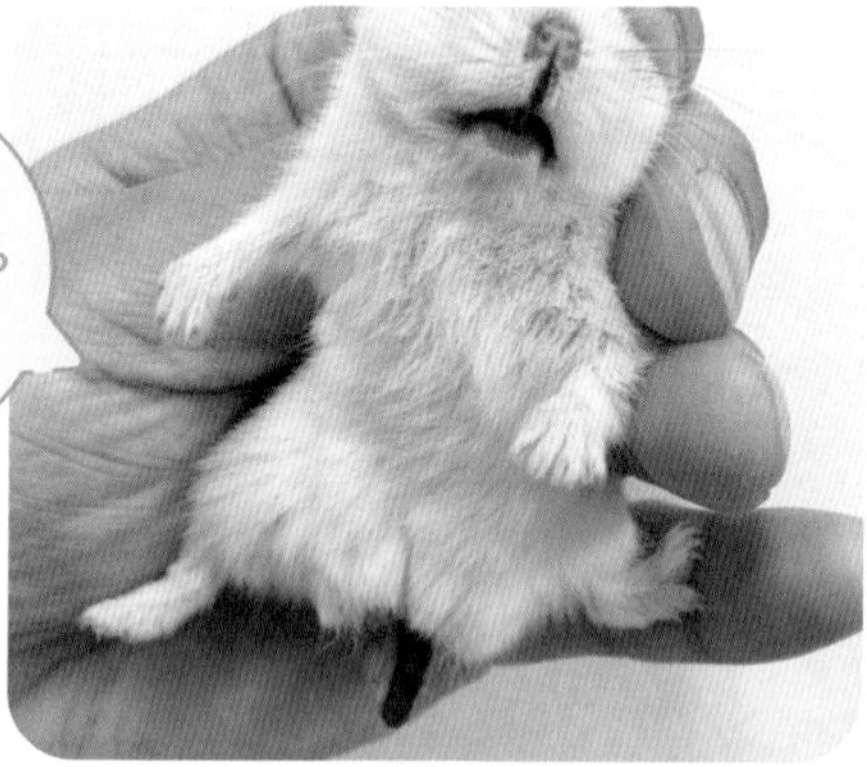
腸が肛門から
飛び出す

直腸脱になったジャンガリアンハムスター。飛び出した腸をそのままにするとハムスターがかじってしまい、細菌感染を起こす可能性があります。

下痢が原因で おしりから腸が 飛び出てしまう病気

直腸脱とは、おしりから腸が出てしまう状態をいいます。腸重積は腸の一部が、腸の別の部分にめりこんでしまった状態を指します。例えると、伸ばして使うジャバラ式の折りたたみコップのように腸の一部が折りたたまれた状態になっているのです。

直腸脱も腸重積も、下痢が続いて、排便をしぶりすぎるなどで引き起こされると考えられています。腸に強い力がかかることで、腸が押し出されたり、ひっくり返ってめりこんでしまったりするのです。腸閉塞（▼p116）が原因になる場合もあります。

本来はからだの中になければいけない腸を、おしりから出たままにしていると時間の経過とともに乾燥してしまいます。そうなると組織が壊死する恐れがあり、命にも関わってきます。ハムスター飛び出した部分をかじってし

下痢が原因

下痢が続くことで、腸が炎症を起こし、直腸脱や腸重積を引き起こします。下痢は、食べすぎや水分のとりすぎによって引き起こされます。食べ物の水分量には十分注意しましょう。

原因

- ☑ 下痢
- ☑ 腸の炎症

予防法

- ☑ 下痢を起こさない
- ☑ 食べすぎや水分のとりすぎに注意する

治療法

- ☑ 下痢の原因を特定する
- ☑ 飛び出した腸を押し戻す

ストレスが
下痢を
引き起こす
ことも

水分のとりすぎ以外にも、ストレスなどによる消化不良も下痢の原因になります。ストレスは万病のもとになるため、特に注意が必要です。

まい、傷口から細菌感染を引き起こし、切除しなければならない事態にもなりかねません。

　おしりから赤いものが出ているのが見られたら、その部分を直接触らないようにして早めに動物病院へ。

　治療としては直腸脱の場合、出ている腸を押して戻るのであれば、もとの位置に押し戻します。そして、下痢の治療も同時に行います。下痢が治っていない限り、再び飛び出してしまう場合があるからです。

　直腸脱でも押し戻すことができない状態や再発する場合、そして腸重積を治療するには、手術が必要となるケースが多くなります。手術には麻酔が必要となるため、高齢の場合や体力的に手術に耐えられるかどうかなどによって判断していきます。

　予防のためには、下痢にさせないよう心がける必要があります。ペレットの与えすぎやストレスなどが下痢の原因になることが多いため、くれぐれも気をつけておきましょう。

呼吸器《こきゅうき》の病気

ウイルス性《せい》・細菌性《さいきんせい》呼吸器《こきゅうき》疾患《しっかん》

呼吸器疾患の症状は人間と同じくしゃみと鼻水

人と同様にハムスターも風邪をひくことがあります。インフルエンザについては、人→ハムスター、ハムスター→ハムスターで感染するといわれています。

呼吸器にトラブルを起こす原因は、大まかに分けるとウイルス性と細菌性の2種類あります。ウイルス性呼吸器疾患の主なものとしてはインフルエンザ、細菌性呼吸器疾患の主なものとしては気管支炎《きかんしえん》や肺炎《はいえん》などがあげられます。また、ウイルス性と細菌性の混合タイプもあります。

呼吸器疾患の主な症状としては、くしゃみ、鼻水です。進行するにつれて呼吸困難を起こすこともあるため、早めに動物病院で診てもらいましょう。

症状に合わせて治療を行っていきます。抗生物質、消炎剤などの内服薬のほか、ネブライザー（吸引療法）など

症状

☑ くしゃみや鼻水

鼻水が出る

ハムスターも風邪をひくと鼻水が出ます。健康であれば、ハムスターの鼻先はそれほどぬれていません。鼻先がぬれているようであれば、鼻水だと考えましょう。

風邪のような症状

人間の風邪と同じような症状が出ます。ハムスターのくしゃみは音が小さいため気づきにくいですが、起きているハムスターからキューキューという音が聞こえたら、注意が必要です。

アンモニア臭に注意

ハムスターのおしっこからにおうアンモニア臭は、ハムスターにとって良いものではありません。ずっとアンモニア臭にさらされていることで、風邪のような呼吸器疾患になることもあります。

原因

- ウイルスや細菌

予防法

- ケージ内を清潔に保つ
- 飼い主さんがウイルスを持ち込まない

治療法

- 抗生物質や内服薬
- ネブライザーなど

人間からうつることも

飼い主さんがインフルエンザや風邪にかかった際、ハムスターにうつることがあります。もしもあなたが病気にかかったら、お世話を別の人に依頼するなど、うつさない工夫が必要です。

があります。

呼吸器疾患予防のためには、可能な限りウイルスや細菌の感染から守ってあげることです。まずはケージ内を清潔に保ちます。特にトイレの掃除を怠ってしまうと、細菌が繁殖するだけでなく、刺激のあるアンモニア臭をかぐことでアンモニア性呼吸器疾患を引き起こす場合もあります。飼い主さんも、トイレの中でずっとアンモニア臭をかぎ続けていたら、具合が悪くなりますよね。それはハムスターも同じです。

また、飼い主さんから風邪やインフルエンザを感染させないようにすることも大切です。ハムスターを触る前には、手洗いを心がけるようにします。ほかに風邪やインフルエンザを発症したハムスターがいるのであれば、感染予防のために離しておくようにします。

寒さで免疫力が落ちてしまうと感染を起こしやすくなります。温度管理にもくれぐれも注意して、寒さから守ってあげましょう。

生殖器《せいしょくき》の病気

子宮疾患《しきゅうしっかん》

症状

- ☑ 子宮の炎症や出血
- ☑ 子宮に膿や体液がたまる

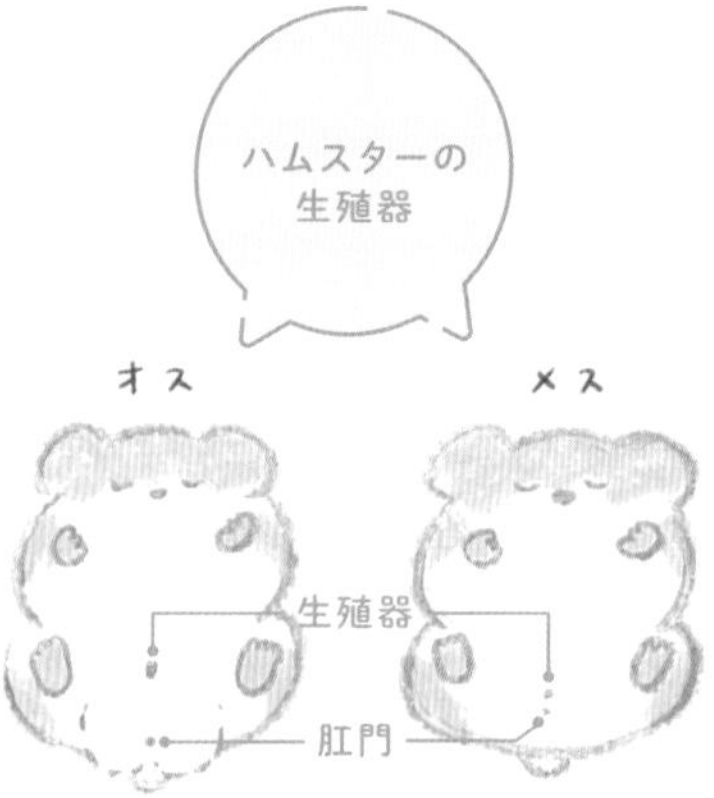

ハムスターの生殖器はオスとメスで位置が異なります。生殖器と肛門の位置が近いのがメスで、遠いのがオスです。

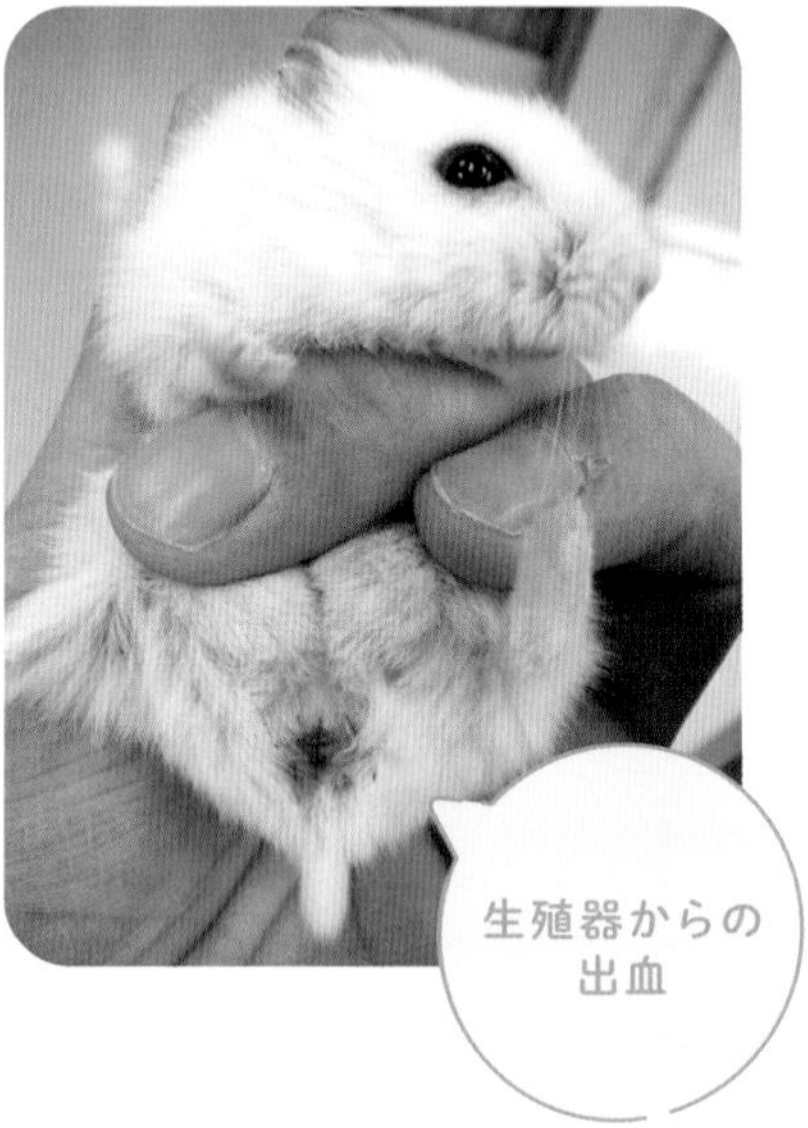

子宮が炎症を起こすと、生殖器から出血したり膿が出たりします。ハムスターには生理がないため、生殖器からの出血が起これば病気です。

ホルモンバランスが崩れることで起こる

メス特有の病気、子宮疾患。その中でも、子宮に炎症や出血が起こるのが、子宮内膜症《しきゅうないまくしょう》。膿《うみ》がたまってしまうのが子宮蓄膿症《しきゅうちくのうしょう》。体液がたまるのが子宮水腫《しきゅうすいしゅ》です。

これらの子宮疾患はホルモンの異常が原因となり、ホルモンバランスが崩れることで引き起こされるといわれています。子宮蓄膿症はホルモン異常とあわせて、子宮内に細菌が入り込むことが原因となります。

年齢を重ねるにつれホルモンバランスが崩れやすくなるため、高齢のメスに多くなりますが、1歳前後でも起こることはあります。

子宮蓄膿症には開放型と閉鎖型とがあり、開放型は子宮にたまった膿がからだの外へと出てきます。閉塞型は膿がからだの外へ出てこないため、膿が子宮内にどんどんたまってしまい、や

ホルモン異常が
原因

子宮疾患の原因は、ホルモン異常がほとんどです。歳を重ねることでホルモンバランスが崩れやすくなるため、1歳を超えたメスのハムスターは注意が必要です。

原因

- ☑ ホルモン異常
- ☑ 細菌感染

予防法

- ☑ 予防は難しい
- ☑ 早期発見が大切

治療法

- ☑ 抗生物質の投与
- ☑ 子宮の摘出

子宮摘出は
リスクが高い

他の小動物以上に手術のリスクが高いため、予防として子宮を摘出することはほとんどありません。

がて子宮破裂を起こし、命にも関わります。主な症状として、出血や膿、体液が子宮内にたまってくると、おなかのあたりがふくらんできます。また、生殖器から出血や膿が出てくることもあるので、おしりの周囲が汚れていて気づくことがあります。おなかが腫《は》れることで胃や腸が圧迫されるため、食欲低下やいつもに比べ動きがにぶくなるなどの様子も見られます。

　子宮内膜症、子宮蓄膿症、子宮水腫といずれの場合も、治療には子宮摘出手術を行うことになります。状態によっては抗生物質の服用で治療することもありますが、再発の可能性があるため、完治には手術が必要となります。

　確かな予防法はないため、早期発見が大切です。おなかのあたりがふくらんでいたり、おしり周りが汚れていたり、少しでもおかしいと思ったら、早めに動物病院で診てもらいましょう。

　また、細菌感染を起こさせないためには日頃からケージ内を常に清潔に保つことも大切です。

腫瘍《しゅよう》

腫瘍《しゅよう》

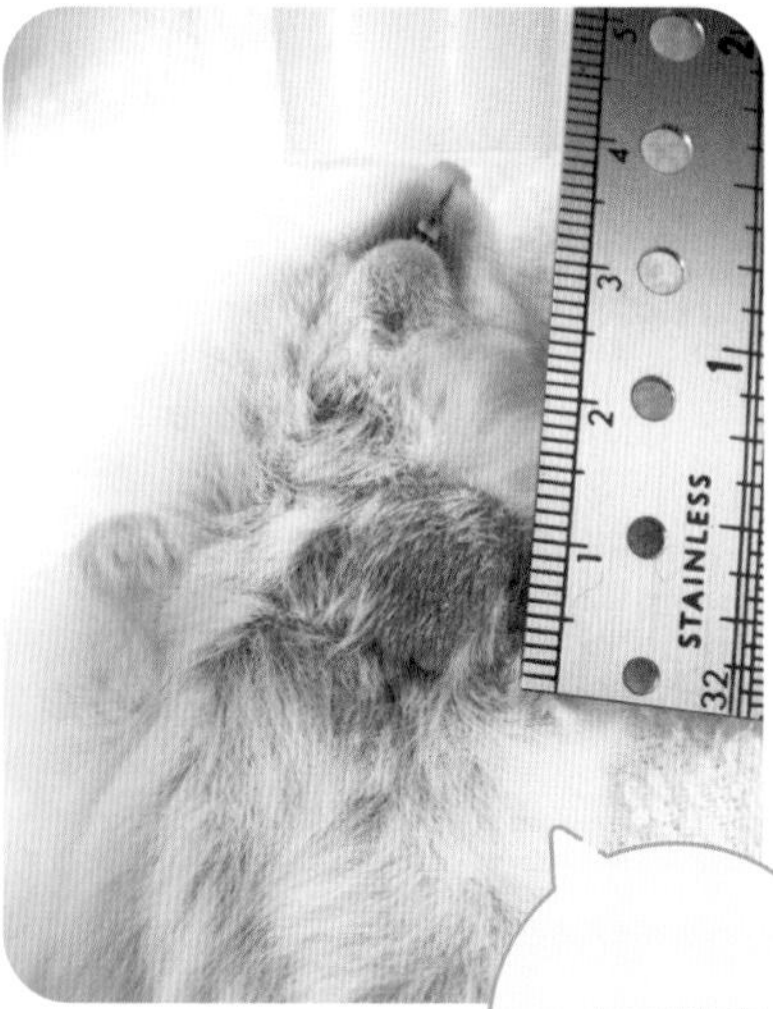

症状
- ☑ 体表にしこりができる
- ☑ 脱毛やかゆみなど

皮下腫瘍

ジャンガリアンハムスターの乳腺にできた皮下腫瘍。体表に出るものは分かりやすいため、見つけたらすぐに病院に連れて行きましょう。

ジャンガリアンハムスターは注意

腫瘍は、ジャンガリアンハムスターに多いといわれています。歳をとるほど発症しやすいため、1歳を超えたら注意しましょう。

良性と悪性があり悪性の場合は転移や再発の可能性がある

腫瘍はからだのあらゆるところにできます。いろいろな腫瘍がありますが、どこにできるかによって、体表腫瘍《たいひょうしゅよう》（皮膚や皮下にできるもの）と体内腫瘍《たいないしゅよう》（口腔内、胸腔内、腹腔内などにできるもの）に分けられます。

オスのジャンガリアンに多いといわれているのが、おなかのあたりにできる皮下腫瘍《ひかしゅよう》です。メスのジャンガリアンに多いのが、乳腺腫瘍《にゅうせんしゅよう》です。どちらも発症する原因には性ホルモンが関わっていると考えられています。

腫瘍の原因には遺伝や化学物質などいろいろあります。そして良性と悪性があり、悪性が「がん」です。

腫瘍ができた場所によって、症状には違いがあります。骨肉腫《こつにくしゅ》の場合は痛みが出るため、片足をひきずるなど歩き方に変化が見られることも。皮膚型リンパ腫では、脱毛やかゆみが見られ、

腫瘍は、良性か悪性か、または腫瘍ができた位置によって症状が異なります。良性の腫瘍でも大きく、内臓を圧迫する位置にあれば、いち早く取り除いてあげる必要があるでしょう。

原因

- ☑ 遺伝
- ☑ 化学物質など

予防法

- ☑ 予防は難しく、早期発見が大切

治療法

- ☑ 手術による除去
- ☑ 抗がん剤治療

アガリクス配合のペレット

アガリクスと呼ばれる成分が配合されているペレットが増えています。アガリクスには、抗がん作用や免疫を増強する効能があるとされています。

皮膚がどんどんただれてしまいます。体内腫瘍は外からは見えないため、飼い主さんにわかりやすいのが体表腫瘍です。からだを触ってみて、しこりのようなものがあったら早めに調べてもらいましょう。体表腫瘍は痛みがありませんが、進行するにつれ、しこりが大きくなってくると、動きにくくなるなどの支障を起こします。

できた腫瘍が良性か悪性かを調べるには、臓器や組織、細胞の一部を採取して病理検査《びょうりけんさ》を行います。悪性の場合は転移や再発の可能性があるため、外科手術を行うことが最優先であり、最善策でもあります。良性の場合もできている場所や大きさによっては手術が必要になることもあります。また、手術後はなるべく再発させないように、免疫力アップ効果のあるサプリメントを利用する場合もあります。

腫瘍を予防するのは難しいですが、定期的な健康診断を心がけることで、病気の早期発見・早期治療につながることになるのです。

泌尿器《ひにょうき》の病気

腎《じん》不《ふ》全《ぜん》

症状

- 多飲多尿
- 悪化するとおしっこが出なくなる

原因

- 腎機能の低下

予防法

- 適切な食事

治療法

- 食事療法
- 点滴

腎不全の初期症状である多飲多尿を確認するには、水を飲む量やおしっこの量を把握する必要があります。トイレ砂を固まるタイプにすると、おしっこの量が確認しやすくなります。ただし、砂を食べてしまうハムスターには向いていません。

慢性《まんせい》と急性がある 腎臓機能が低下する病気

腎《じん》臓《ぞう》は、血液の中でからだに必要なものと、不必要なものを振り分ける働きをしています。不必要なものが腎臓内でおしっこになり、排出されるのです。何らかの原因によってトラブルが起こるのが腎不全です。

慢性と急性があり、年齢とともに腎臓機能が衰えていくのが慢性腎不全。ゆっくり進行していくため、気付きにくいのが特徴です。初期の段階では多飲多尿が見られます。急性腎不全は膀《ぼう》胱《こう》炎《えん》などほかの病気にともなって発症します。突然、元気がない、食欲がない、おしっこが出ないなどが主な症状です。急速に進行するため、早めに対処してもらう必要があります。

食事療法や点滴など、状態に合わせた治療を行いますが、腎臓を悪くすると完治は難しくなります。日頃から様子をよく見ておき、少しでも異変があれば早めに動物病院へ。

泌尿器《ひにょうき》の病気

膀胱炎《ぼうこうえん》

尿検査によって病気が見つかることもあります。トイレ砂や床材に染み込んだものは検査できません。透明なプラケースなどにおしっこを採集し、1cc程度あれば、病院によっては検査が可能です。

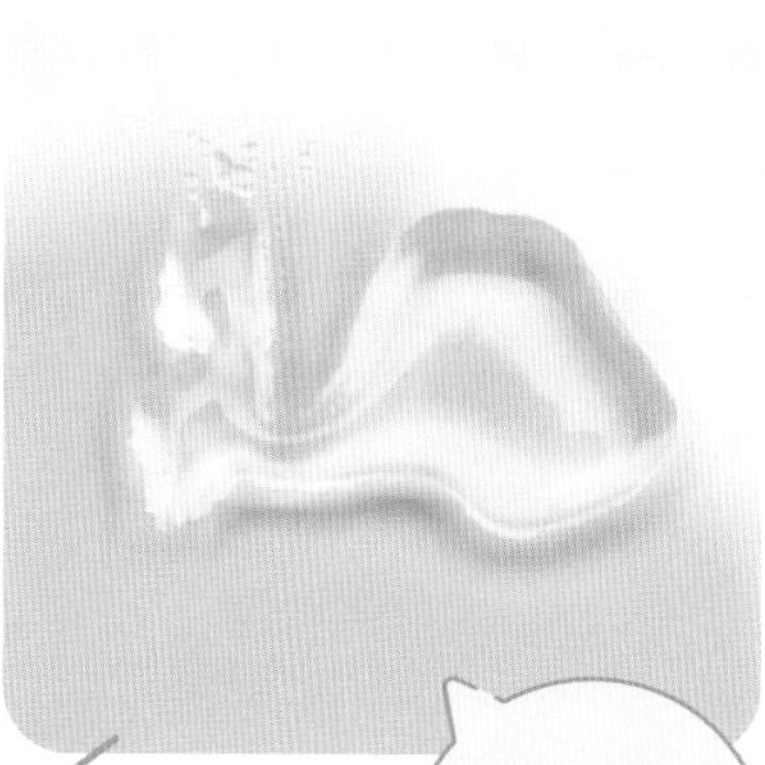

症状
- 頻尿
- 血尿

原因
- 細菌感染
- 膀胱結石

予防法
- ケージ内を清潔に保つ
- おやつを与えすぎない

治療法
- 抗菌薬の投与
- 抗炎症剤の投与

膀胱《ぼうこう》が炎症を起こすことでおしっこに変化が見られる

膀胱は腎臓で作られたおしっこをためておく役割をしています。膀胱に炎症を起こし、おしっこの量や回数、色などに変化が見られるようになるのが膀胱炎です。

尿道《にょうどう》から入った細菌の感染や腎臓障害、膀胱結石《ぼうこうけっせき》（▼p128）などが、主な原因としてあげられます。

いつもと比べて、おしっこの回数が増えるが1回の量が少ない（頻尿《ひんにょう》）、おしっこに血が混じる（血尿《けつにょう》）などが症状として見られます。血尿が出ているのか調べてもらうには、おしっこを持参するのが一番ですが、おしっこの採取が難しいなら色がわかるようにスマホで写真を撮っておくのも、ひとつの方法です。

治療としては、原因に合わせて抗菌薬、抗炎症剤などを投与します。普段からケージ内を清潔にすることが予防となり、早期発見にもつながります。

泌尿器《ひにょうき》の病気

結石《けっせき》

尿が少ない

結石ができると、おしっこが出にくくなったり、血が混じったりすることがあります。おしっこの状態を日々確認するためにも、トイレを覚えさせておくのが良いでしょう。

症状

- ☑ 頻尿
- ☑ 血尿
- ☑ おしっこが出にくくなる

レントゲンで発覚

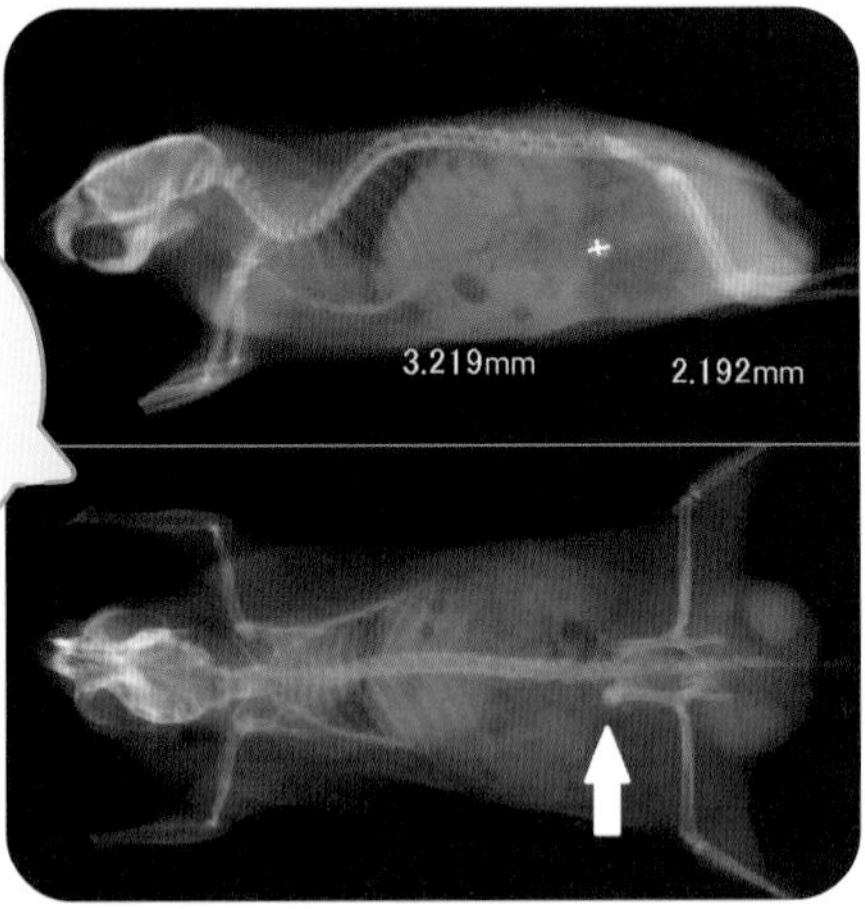

結石は、レントゲンを撮って見つかることが多いです。症状がわかりにくく、飼い主さんが自分で発見することは難しいため、異常が見られたら病院で診てもらいましょう。

結石ができて頻尿《ひんにょう》などの排尿障害《はいにょうしょうがい》や血尿が見られる病気

おしっこの中に含まれる成分が何らかの原因によって結晶化し、それが結石化することがあります。結石がどこにあるかによって分けられ、膀胱内なら膀胱結石、尿道内なら尿道結石といいます。

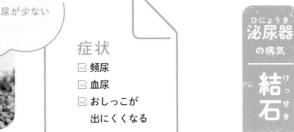

結石ができやすくなる主な原因は、カルシウムの過剰摂取《かじょうせっしゅ》です。食事から必要以上に摂取したものは、おしっことしてからだから排出することになります。カルシウム、マグネシウムなどのミネラル成分が多く含まれたおしっこが膀胱にたまることで、結石ができてしまうのです。

症状としては、おしっこの回数が増えるが1回の量が少ない（頻尿）、排尿姿勢をとるのになかなかおしっこが出ない、おしっこに血が混じる（血尿）など。結石が膀胱内の粘膜を傷つけることによって痛みを伴うため、お

おやつを与えすぎない

結石のおもな原因は、カルシウムのとりすぎです。市販のペレットは、十分に栄養が足りるように配合されているため、おやつをあげすぎると逆にバランスが崩れて病気のリスクを高める結果となります。

原因

- ☑ **カルシウムの過剰摂取**

予防法

- ☑ **カルシウムを与えすぎない**

治療法

- ☑ **点滴**
- ☑ **開腹手術**

にぼしは与えてはいけない

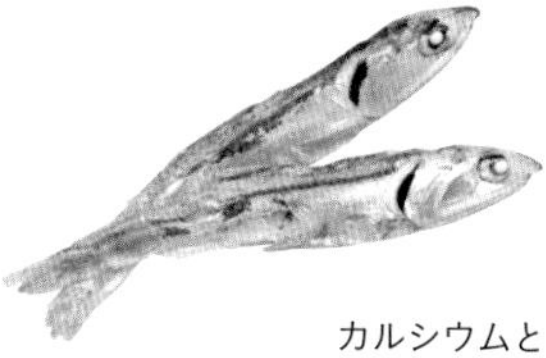

カルシウムとしてにぼしを与える必要はありません。

なかを触られるのを嫌がることもあります。結石が尿道を塞《ふさ》いで、おしっこが全く出なくなってしまうと尿毒症《にょうどくしょう》を引き起こし、命に関わります。少しでもおかしいかなと思ったら、早めに動物病院で診てもらうことが大切です。

結石ができているかどうかは触診時にわかることもあれば、レントゲン検査によってわかるケースもあります。

治療は状態によって違ってきます。結石が小さいのであれば食事療法などを行います。また、おしっこの濃度を薄めたり、おしっこを出しやすくするために水分摂取や点滴を行ったりすることもあります。大きい結石であれば開腹手術で取り除くようになります。

日頃から食事に気をつけておくことで防げる病気のひとつです。からだに良さそうと思って、ペレット以外ににぼしなどを与える人がいますが、1日に必要とするカルシウムの量はペレットから十分に摂取できます。ペレットの栄養バランスを崩してしまうことにもなるので与えてはいけません。

心臓《しんぞう》の病気

心疾患《しんしっかん》

症状に気付いたときにはすでに状態が悪化している場合が多い

心臓は全身に血液を送り出すポンプの働きをしています。そんな心臓に何らかの原因でトラブルが起こるのが心疾患です。ハムスターに多い病気のひとつですが、ゆっくり進行していくことが多いため、飼い主さんが気付きにくい病気でもあります。

原因としては、生まれつき心臓に何らかの欠陥《けっかん》が見られるなど遺伝による先天性《せんてんせい》のものと、高血圧や加齢、肥満などによって引き起こされる後天性《こうてんせい》のものに分けられます。

前述のように、心疾患は飼い主さんが気づきにくい病気です。最近元気がない、食欲が落ちた、呼吸が荒くなっている、などの様子が見られたときには、かなり病状が進行しているケースがほとんどです。また、先天性のものでは、飼いはじめて間もない頃、健康診断を受けた際に不整脈《ふせいみゃく》が発見され

症状

- 元気がない
- 食欲がない
- 呼吸がおかしい

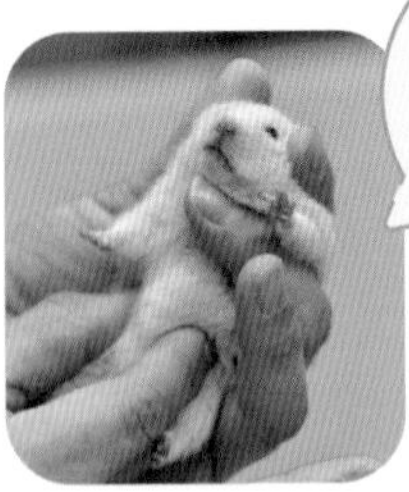

早期発見が大切

飼い主さんが症状に気付いてからでは、既に病気がかなり進行している場合がほとんどです。早期発見のためには、定期的な健康診断が必要です。

先天性の不整脈

生まれつきの不整脈は、ゴールデンハムスターのキンクマなどでよく見られます。すぐに命に関わるものではありませんが、飼い主さんが把握しておくことは大切です。

ハムスターの心音は、新生児用の小さい聴診器でしか聞き取ることができません。聴診を行ってもらえるかどうかは、病院によって異なるため確認してみましょう。

原因

- ☑ 遺伝
- ☑ 高血圧
- ☑ 肥満

食事に気をつける

予防法

- ☑ 塩分や脂肪分のとりすぎに注意

治療法

- ☑ 強心剤や血管拡張剤などの投薬（完治はしない）

後天性の不整脈は、肥満や高血圧によって発症します。ひまわりの種などの脂質が多いおやつや、チーズなどの塩分が多いおやつは、与えすぎに注意しましょう。

る、というケースも少なくありません。

心疾患が発見されても、完治は難しく、一生この病気とつきあっていかなければなりません。ただ、獣医さんのアドバイスのもと、投薬など適切な処置を続けていけば、後天性の心疾患の場合は寿命を延ばせる可能性もあります。主な治療としては、状態に合わせて、強心剤《きょうしんざい》や血管拡張剤《けっかんかくちょうざい》などの投薬で症状を抑えます。

不整脈があるかどうかは、聴診《ちょうしん》してもらわないとわかりません。からだの小さいハムスターの聴診をしてくれる動物病院で診てもらうことが大切です。ただし、聴診でわかるのは、さまざまな心疾患の中でも一部の病気だけ。心臓《しんぞう》肥大《ひだい》などはレントゲンを撮らないとわからないものもあります。

先天性の心疾患については予防ができません。ただ、後天性のものについては、日頃から食事に気をつけることで予防できる場合もあります。塩分や脂肪分の多い食事は与えない。肥満にさせないよう注意しておきましょう。

ケガ

骨折《こっせつ》

骨折した場所や程度によっては完治が難しい場合も

骨折していても走る

ハムスターは痛みやからだの不調を隠す習性があるので、足が折れていても残りの手足を使って回し車を回すことがあります。骨折しているにもかかわらず無理な運動をするのは危険なので、よく観察して早く気づいてあげましょう。

症状

- ☑ 使っていない手足がある
- ☑ 手足が腫れている

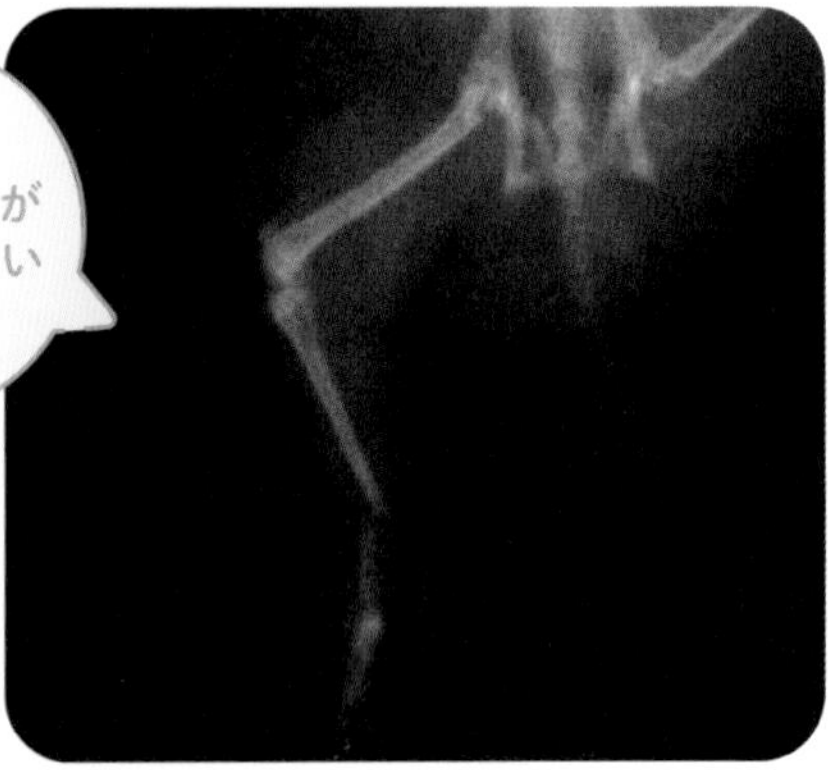
飼い主さんが気づきやすい

ハムスターの骨折は、見た目や動きなどから飼い主さんが気づくことができます。腫れていたり、使わずにブラブラしたりしている手足があったら、骨折の可能性を疑いましょう。

からだが小さいながらも活発に動き回るので、ちょっとしたことで骨折するケースは少なくありません。

ハムスターの骨折で多いのが、手足の骨折です。ケージをよじ登っていて手や足がひっかかり、あわててはずそうと暴れているうちに折れてしまった、というケースはよくあります。また、ケージから出して飼い主さんが抱っこしている最中に落としてしまった、足元にいるのを気づかず蹴飛ばしてしまった、ハムスターのからだに何かが落ちてしまった、などで、手足の骨折だけでなく、脊椎骨折《せきついこっせつ》を引き起こすこともあります。

足を引きずるなど歩き方がいつもと違う、手足の一部が腫《は》れている、手足がブラブラしている、などが見られたら、早めに動物病院へ行き、獣医さんに診てもらいましょう。

骨折してしまったら

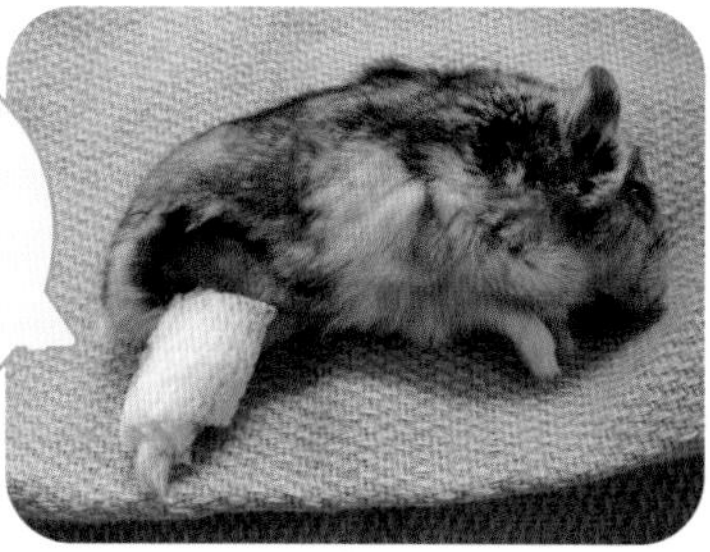

病院で固定してもらっても、かじってテープをはがしてしまうことがあります。なるべくハムスターが無理な動きをしないよう、段差をなくしたり回し車をなくしたり、ケージ内のレイアウトにも気をつけましょう。

原因

- 高所からの落下
- 飼い主さんとの不用意な接触
- 隙間に手を挟む

予防法

- ケガをさせないようレイアウトを工夫する

治療法

- 固定する
- 手術でピンニングを行う

飼い主さんが原因に

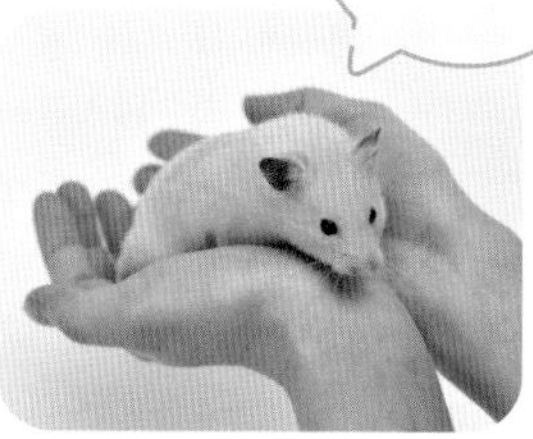

意外に多いのが、飼い主さんとの接触による骨折です。脱走しているのに気づかず、飼い主さんが踏んでしまったり、手に乗せていたら飛び降りてしまった、などの事故にはよく注意しましょう。

ハムスターは痛みににぶいため、手足を骨折していても回し車を回してしまう場合があります。骨折した箇所をそのままにしておくと、やがて骨が変形してしまい、たとえ手術をしても完治は難しくなってしまうおそれがあります。また、骨折の疑いで動物病院へ連れて行く際はできるだけ振動に気をつけるようにしましょう。

手足の骨折は程度によって手術で治すことが可能です。手術以外にはテーピングなどで骨折箇所を固定します。骨折が治るまで運動制限も必要です。回し車をはずしておく、二階建てのケージを使わない、巣箱の上に登ってしまうなら巣箱をはずすなど、平らな所で過ごさせるようにします。

脊椎骨折の場合が手術は難しく、もし半身《はんしん》不随《ふずい》になったら、一生その状態とつきあっていくことになります。

手足をひっかけたりしないか、高いところから落ちたりしないかなど、骨折は普段から飼い主さんが気をつけておくことで予防できるものです。

季節《きせつ》の病気

熱中症《ねっちゅうしょう》

症状

- ☑ からだが熱くなる
- ☑ ぐったりして元気がない

原因

- ☑ 気温の上昇

エアコンではなく保冷剤でケージ内を冷やす場合は、冷たい空気が下に流れる性質を利用して、ケージの上に保冷剤を設置しましょう。結露水でハムスターが濡れてしまわないよう注意が必要です。

ハムスターは汗をかかないため、体温を調節できません。扇風機の風も意味がないので、エアコンなどで空気の温度を下げる必要があります。30度を超えると、熱中症のリスクが高まります。

予防法

- ☑ エアコンや保冷剤で気温を調節

治療法

- ☑ 点滴
- ☑ クーリング

少しでも涼しく過ごせる工夫で予防してあげる

気温と湿度が高くなる梅雨の時期から夏場は、熱中症を起こす可能性があるので注意が必要です。

ジャンガリアンやロボロフスキーは寒冷地のロシアが主な原産国。それ以外のハムスターも暑いところは苦手です。また人間は汗をかくことで体温調節ができますが、全身を毛に覆《おお》われたハムスターは汗腺がほぼなく、体温調節がうまくできないのです。

ぐったりして動かない、からだを触ってみて熱くなっていたら熱中症を疑いましょう。キャリーケースの外側から保冷剤で冷やしつつ、動物病院へ連れていき、状態に合わせて、酸素吸入や点滴を行います。

予防のためには、エアコンを利用して室内の温度管理に気をつけることです。ケージ内にアルミ板を敷く、陶器の入れ物を置くなど、少しでも涼しく過ごせる工夫をしてあげましょう。

季節《きせつ》の病気

仮冬眠《かりとうみん》

仮冬眠の後遺症

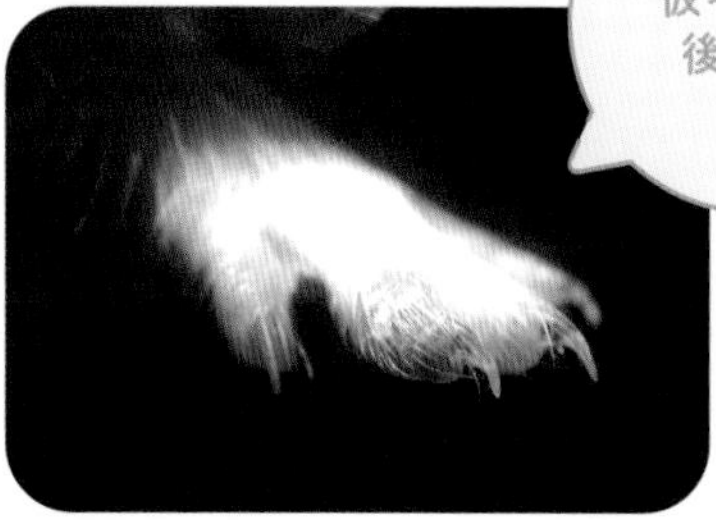

仮冬眠から回復したとしても、手足が壊死するなどの後遺症が残る可能性があります。写真は、手の先が仮冬眠によって壊死してしまったジャンガリアンハムスター。

10度を切ったら注意

ハムスターが仮冬眠してしまうのは10度前後から。ペットヒーターなどを使ってなるべく20度以上を保つようにすれば、仮冬眠を防ぐことができます。

症状

- ☑ 眠ったように動かない

原因

- ☑ 寒さ
- ☑ 栄養不足

予防法

- ☑ ペットヒーターなどで温度を一定に保つ

治療法

- ☑ からだをすぐに温める
- ☑ 栄養をとる

仮冬眠状態になると体力を消耗して命の危険も

ハムスターは暑さだけでなく、寒いのも苦手です。寒すぎてしまうと仮冬眠する場合があります。

本来、動物は冬眠に入る前に、たくさん食べて栄養を蓄《たくわ》えます。仮冬眠とは、そのような準備段階を踏まずに、いきなり冬眠状態になってしまうことをいいます。栄養を蓄えていないため、体力を消耗《しょうもう》し、命にも関わってきます。

ぐったりして動かない、触ってみて冷たくなっていたら、死んでしまったと勘違いしやすいですが、仮冬眠の場合、おなかのあたりをよく見ると呼吸しているのがわかります。

まずは人肌で温め、意識が戻っても動物病院で診てもらうこと。衰弱状態《すいじゃくじょうたい》に合わせて栄養給餌《えいようきゅうじ》を行います。

人が寝るときは暖房を切ってしまいがちですが、ペットヒーターを利用するなどして気温差に気をつけます。

ホルモンの病気

糖尿病《とうにょうびょう》

血液中の血糖値《けっとうち》が慢性的《まんせいてき》に高くなる病気

治療が難しい

ハムスターにとって適切な量のインスリンを投与することが難しく、低血糖で死んでしまうリスクがあるため、人間のようなインスリン治療はできません。

症状

- 過食（初期）
- 多飲多尿
- 食欲低下

原因

- 遺伝
- 甘いものの食べすぎ

予防法

- 食事のバランスに気を付ける

治療法

- なし

大きすぎ…
ドライフルーツは注意

ドライフルーツは糖質が高いので避けること。果物をあげたいのなら、新鮮なりんごなど生の果物を、適切な大きさで。

膵《すい》臓《ぞう》から分泌《ぶんぴつ》されるホルモンの一種であるインスリン。食べ物から摂った糖の代謝《たいしゃ》を調節し、血液中の血糖値を一定の範囲に保つ働きをしています。インスリンが分泌されない、分泌しても上手く作用されない、などで高血糖状態が続くのが糖尿病です。

原因には遺伝による先天性のものと、食生活によって起こる後天性のものがあります。ドライフルーツや、クッキーなどの甘い物を多く与えることで引き起こしやすくなります。

主な症状としては、初期のうちは過食と多飲多尿。進行するにつれ食欲低下や体重減少などが見られるように。ハムスターは人間のようにインスリン治療ができないため、決定的な治療法は今のところありません。

後天性のものは予防できるので、くれぐれも甘い物を与えない、肥満にさせないことが大事です。

神経《しんけい》の病気
斜頸《しゃけい》

平衡感覚を失うことで、首をかしげたように斜めになってしまいます。傾いた方向に回り続けるなど、おかしな行動がみられることも。

症状
☑ 首が傾く
☑ まっすぐに歩けない

原因
☑ 細菌感染などによる三半規管の異常

完治が難しいため、まっすぐに歩けなくてもケガをしないよう、ケージ内のレイアウトを工夫しましょう。

予防法
☑ 早期発見

治療法
☑ ステロイドや抗生物質の投与

頭が傾《かたむ》いて真っ直ぐに歩けなくなる神経の病気

神経の病気のひとつに、斜頸があります。本来なら頭部にバランスよくまっすぐ保たれている頭が、首を傾けたように斜めになってしまう状態をいいます。

原因としては細菌感染による三半規管の異常などが考えられます。ある日突然、頭が斜めに傾いてしまい、真っ直ぐに歩けず、傾いた方向にぐるぐる回るようになります。また、目が回ってしまうので、食欲が落ちてしまうこともあります。

一度発症すると完治は難しい病気です。ステロイドや抗生物質などの服用によって、状態によっては頭の傾きが少し戻ったり、食欲が戻ったりすることもあります。

平衡感覚《へいこうかんかく》がおかしくなってしまうので、回し車をはずす、二階建てのケージはやめるなどして、転落しないよう飼育環境を整えてあげましょう。

病気《びょうき》にかかってしまったら

巣箱の種類

天井が開くタイプの巣箱なら中の様子が見られるので安心です。

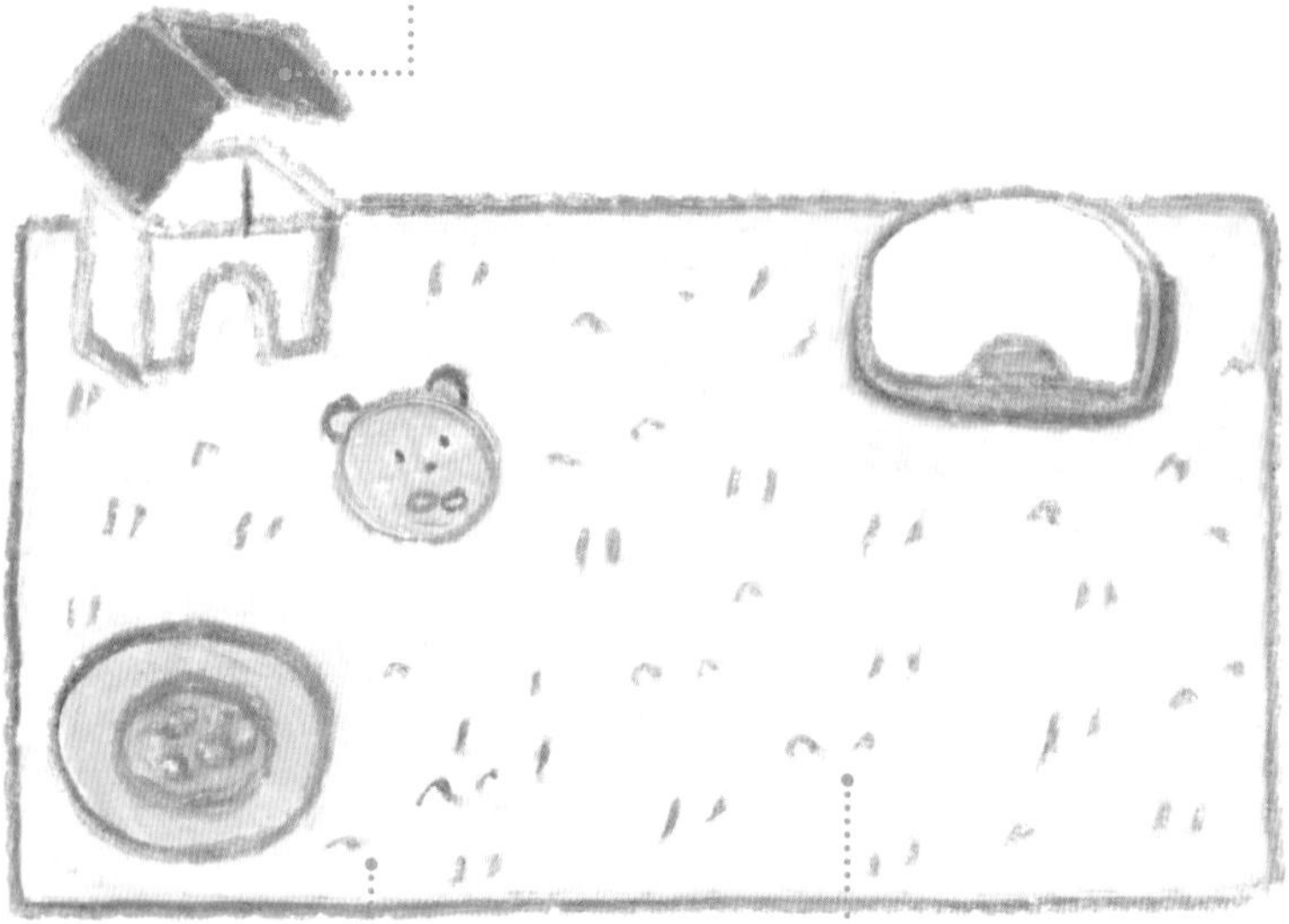

段差をなくす

つまずく心配があるので段差をなくしてフラットにします。

回し車をはずす

運動を控えた方が良い病気の場合は、回し車をはずしましょう。

安静にするための環境を整える

病気やケガの状態によっては、動物病院ではなく自宅に連れ帰って看病することになります。安静《あんせい》にさせるためにケージ内を整えて、かまいすぎないように気をつけましょう。

体調が悪いときは体力が低下しているので、細菌などに感染しないよう清潔に保つことが重要です。巣箱でおしっこをしてしまうことがあるので、こまめな掃除《そうじ》を心がけてください。思いがけない事故を防ぐために、段差をなくして回し車もはずしておきます。

寒い場所では体力を消耗《しょうもう》してしまうので、ケージ内の温度を通常より高めに設定しましょう。夏は25～28度、冬は22～24度が目安です。ケージに布をかけておけば保温になるうえ、落ち着きやすい暗がりをつくれます。

多頭飼育《たとうしいく》の場合は、伝染性《でんせんせい》の病気ではなくても個別のケージに移して離しておきます。

獣医さんおすすめ！ペレット団子のつくりかた

❶

ペレットをすり鉢で粉状にします。食いつきをよくするには、殻をむいたひまわりの種などを一緒にすりつぶして入れると良いでしょう。

❷

調味料が入っていない乳幼児用の果物系の離乳食を利用しましょう。甘い香りのすりおろしりんごがぴったり。

❸

❶と❷を混ぜて小さな団子状に丸めれば「ペレット団子」の完成。食欲がないときや硬いものが食べられないときにぴったりです。

食べやすく嗜好性の高い食事を与える

体調が悪いときは食欲が落ちてしまいます。食べるのを待っていると、体力を消耗して回復が遅れる心配も。食べやすく食欲を刺激《しげき》するような食事を与えましょう。

主食に硬《かた》いペレットを与えている場合は、食べやすい形状に変える方法がおすすめ。粉状にしてから好物を混ぜて「ペレット団子」にすると食いつきがアップします。上記の方法で作ってみましょう。柔《やわ》らかいペレットに変えてみるのも一案です。

食欲がなかなか戻らないときは、嗜好性の高い果物やチーズなどの好物を与えて食欲を増進させます。一時的にカロリーオーバーになっても、栄養補給を優先しましょう。あくまでも一時的なものなので、ずっと好物ばかりを与えるのではなく、ハムスターの体力が回復したら、動物病院に相談しながらペレットに戻しましょう。

自宅《じたく》で薬《くすり》を投与《とうよ》する

頭部を固定して注射器を口元に当てましょう。甘い薬なら自分からなめてくれますが、嫌がる場合は、首の後ろをつまんで口を開かせる方法も。

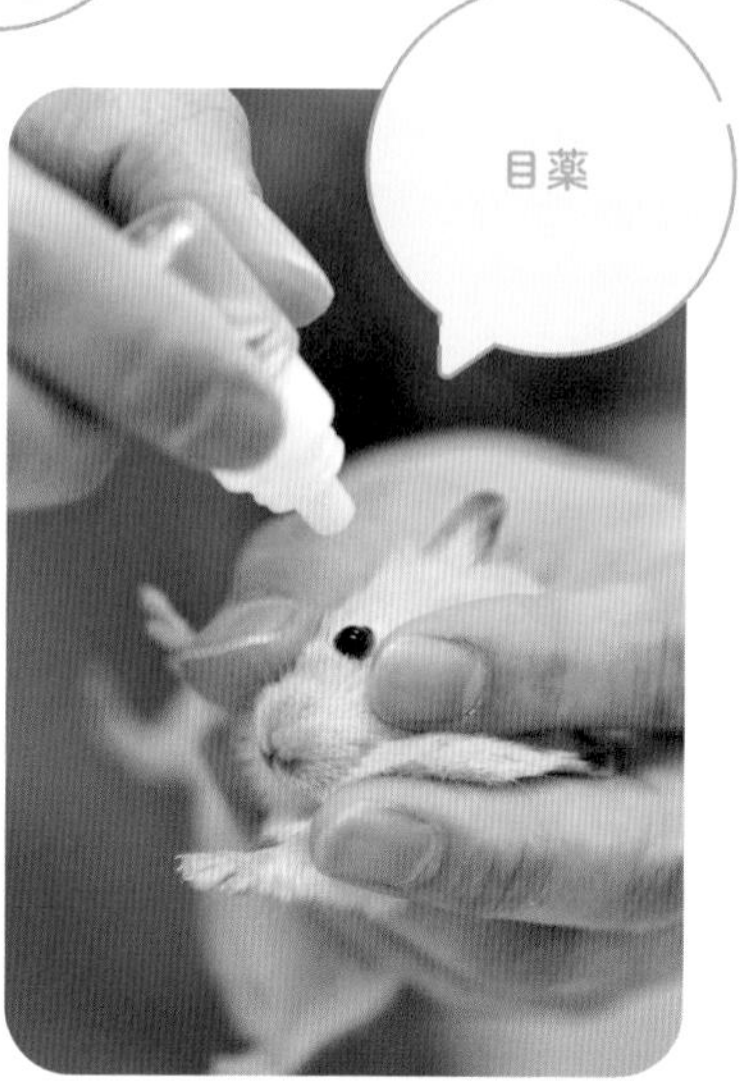

頭を支えて親指と人さし指で目を開かせて投与。先端が当たらないように気をつけます。

からだを固定してから、綿棒の先端に薬をつけてやさしく塗り込みます。力の入れすぎに注意。

獣医さんに投与の方法を教えてもらう

動物病院で処方される薬は、飲み薬、点眼薬、塗《ぬ》り薬の3種類です。獣医さんに決められた量・回数・期間を守って自宅で投与することが回復への早道です。薬を受け取るときに投与の方法を獣医さんにしっかり教えてもらいましょう。

飲み薬を与えるときは、注射器などを使って経口投与《けいこうとうよ》します。食事に混ぜると、巣箱に貯めて口にしていないことがあるからです。点眼薬は先端で目を傷つけないように注意しながら、目の上からさしましょう。塗り薬は綿棒《めんぼう》を使う方法が最も簡単です。

介護が必要になったときこそ、今まで行ってきた手に慣れる練習が役立ちます。どうしてもうまく投与できないときは、動物病院に通院して獣医さんに頼みましょう。ただし移動が多くなるとハムスターに負担をかけてしまうので、自宅で投与するのが理想です。

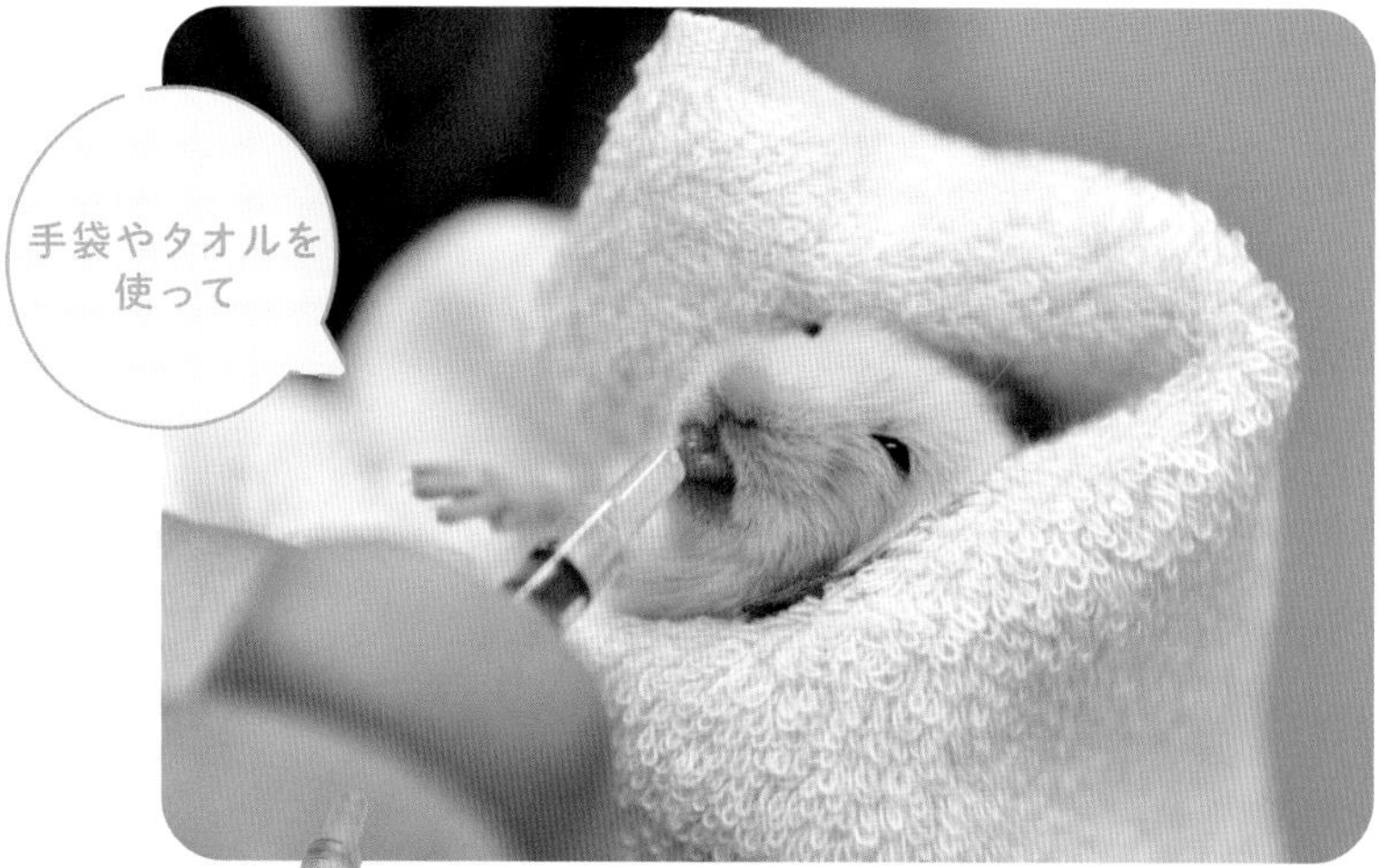

素手で投与すると飼い主さんの手のにおいと薬の嫌な印象を結びつけてしまうかも。手袋やタオルを使っても良いでしょう。

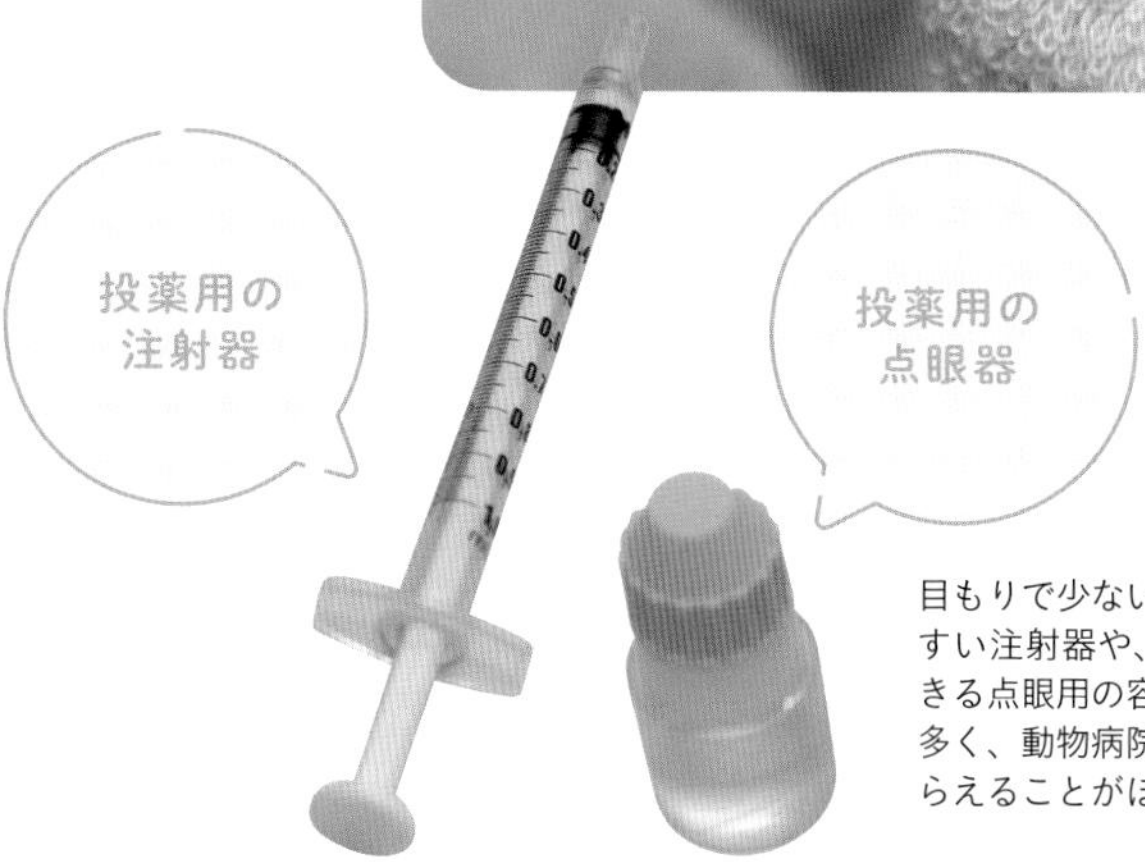

目もりで少ない用量を調整しやすい注射器や、1滴ずつ投与できる点眼用の容器を使うことが多く、動物病院で薬と一緒にもらえることがほとんどです。

投与のストレスを減らす工夫する

薬の投与は治療のために必要ですが、ハムスターにとっては嫌なことをされる体験になりがちです。なるべく苦手意識を残さないように、短時間で素早く終わらせるのがポイント。投与した後に食事を与えても問題ない場合は、気分が変わるようにおやつを少量与えても良いでしょう。

人の手に慣れていないハムスターは、投与が強いストレスになる場合もあります。暴れてケガをしないように、動物病院で保定の方法を教えてもらいましょう。健康なときから投与の方法を獣医さんに確認し、飼い主さんもハムスターと一緒に練習を積んでおくことができれば理想です。

薬の種類によっては、投与する時間を決めたほうが良い場合もあります。たとえば1日1回与える薬は24時間に1回と考えて、投与の間隔にも注意してください。

5章 ハムスターの老後と看取りかた

ここでは
寿命が近づいてきた
ハムスターのお世話の仕方や
寿命や病気で亡くなってしまった
ハムスターとの
お別れの仕方を紹介します。
最後まで愛情と責任をもって
ハムスターのお世話をするために
正しい知識と情報を
身につけましょう。

老化《ろうか》のサインを知《し》っておこう

3歳6か月頃のジャンガリアンハムスター。毛ヅヤが悪く、目やにがついています。白内障が進み、目はほとんど見えていないようです。

老化のサインを
見逃さないよう
心がけておく

見た目はいつまでもかわいいハムスターですが、人と同じで老化は避けられません。

老化とは、年齢を重ねるにつれて自然とからだのさまざまな部分が衰えて不調が出てくることをいいます。そのため、若い頃と比べてからだの変化が見られるようになってくるのです。

ハムスターは人に比べて早く歳を取る分、あっという間にシニアハムスターやお年寄り、と呼ばれる年齢になってしまいます。ジャンガリアンは2歳以上、ゴールデンは3歳近くになってきたら、シニアハムスターと考え、お世話に工夫が必要になります。もちろん、老化のスピードには個体差があるものです。それだけに、日々のチェックを欠かさずに行い、老化によるさまざまな変化を見逃さないようにしましょう。

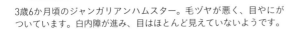

毛ヅヤが悪い

毛づくろいの回数が減るのと食べる量が減って栄養低下により毛ヅヤが悪くなり、毛が抜けることもあります。

目が白っぽくなる

若い頃に比べて目の輝きがなくなり、よく見ると白っぽく濁ったように見えることも。

腰が曲がる

年齢とともに背中の筋力が落ち、骨が固まってしまうため、腰が曲がったままに。

硬いものが食べられない

歯が悪くなっていたり、顎の力が弱くなっていたりで、硬いものがだんだん食べられなくなってきます。

爪が伸びる

歩き方がゆっくりになる、回し車を使わなくなるなど運動量が減るため、爪が自然にけずれず伸びてしまいます。

歩き方に変化が見られる

足の筋肉が弱くなるだけでなく、腰が曲がることで、歩き方がフラフラとぎこちなくなってきます。

環境は高低差をなくし温度管理にも注意を

老化のサインが見られるようになったら、まずは普段過ごすケージの環境を工夫してあげることが大切です。

腰が曲がったり、歩き方がぎこちなくなったりするため、少しの段差でもケガをするおそれがあります。

ケージ内に高低差をなくし、バリアフリーを心がけてあげましょう。具体的には床材を増やしておきます。万が一、ケージを登って落ちてもクッション性があり安心です。またフード入れやトイレを出入りしやすい浅いものにしてあげます。あるいはトイレは砂を多めにして、床材を増やしておけば高低差が少なくなります。

シニアになると筋肉量も少なくなるため、熱を十分に生み出せず、寒さに弱くなります。体温調節が上手くいかなくなるので、温度管理にはこれまで以上に注意が必要です。

シニアハムスターのお世《せ》話《わ》

ストレスなく快適に過ごせるよう手助けを

シニアハムスターのお世話は人間の介護と同じです。若い頃に比べて、五感や運動能力、内臓の働きなどが衰《おとろ》えてくるため、それらを手助けしてあげる必要があります。できるだけストレスがかからないように過ごさせてあげるのは、病気になったときのお世話も基本的には同じです。

　人間が同じ年齢の人でも老化のスピードに違いがあるように、ハムスターにも個体差があります。状態に合わせてこれまで行っていたお世話の内容を見直してみましょう。

　高齢になると噛む力が弱くなり、固いものが食べられなくなり、食欲も低下します。胃腸の機能も低下するため食べ物を消化しにくくなります。食べやすい工夫をする以外に、これまでは与えすぎに注意していたひまわりの種など好きなものを与えて、食べることを優先してあげると良いでしょう。

健康チェック

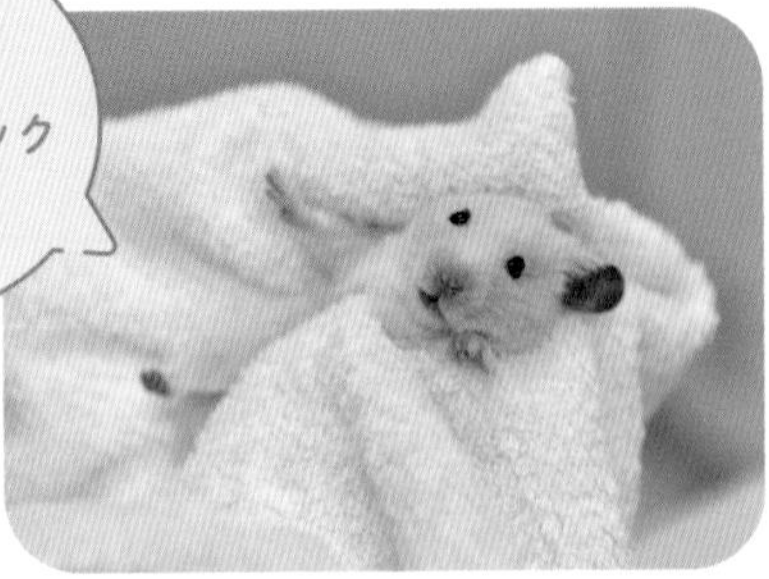

年齢を重ねるにつれて、病気にかかりやすくなります。異変がないかどうか、こまめに健康チェックを行いましょう。

ケージのレイアウト

回し車は使わなくなるのではずしてあげます。段差を無くしたり、床材を厚めに敷いたりします。

食事

硬いペレットが減らなくなったら、柔らかい食事(▶p139)に切り替えましょう。

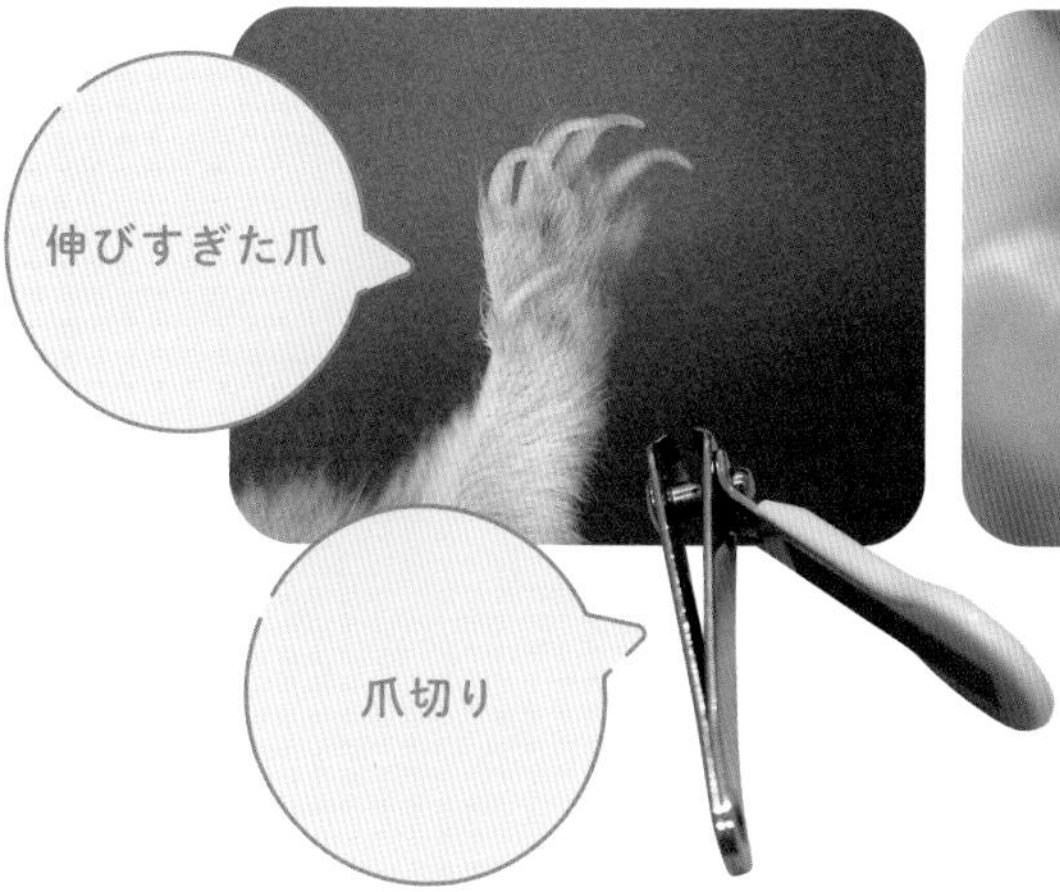

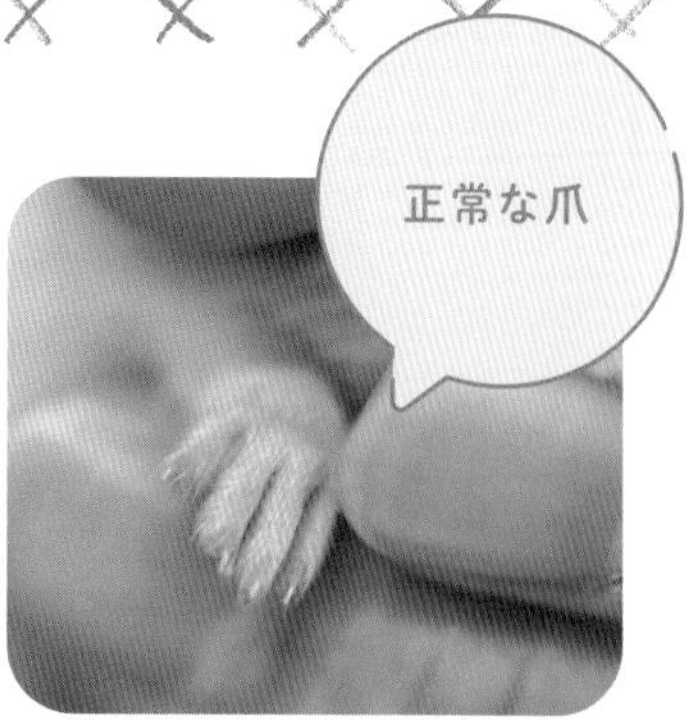

爪が伸びていたら、人間の赤ちゃん用の小さな爪切りを使って切ってあげるか、難しければ動物病院で切ってもらうと安心です。

高齢のハムスターは毛づくろいをあまりしなくなります。歯ブラシなどを利用してブラッシングを行い、からだを清潔に保ってあげましょう。

若い頃よりも手厚いケアが必要になる

高齢のハムスターの様子を見ながら、環境や食事を見直してあげることは大切です。そして若い頃から行っている健康チェックは高齢になっても続けること。よりまめにチェックするようにしましょう。

ハムスターの爪は人間と同じで、伸び続けます。通常であれば、回し車などで運動をすることで自然と爪が削れていくもの。高齢になるとあまり動かなくなるため、爪が伸びすぎてしまうことがあります。伸びたままだと、より動きにくくなったり、隙間などに爪をひっかけて折れたり、ケガをすることもあるため、切ってあげましょう。

本来、健康なハムスターは毛づくろいをして自分のからだを清潔に保ちます。人間も高齢になるとひとりでお風呂に入るのが難しくなるように、ハムスターも毛づくろいが難しくなってくるため、ブラッシングが重要です。

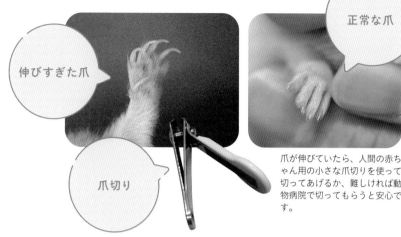

ハムスターとのお別《わか》れ

仮冬眠ではないか確認

病気の前兆がなく気温が低い場合、仮冬眠(▶p135) かもしれません。すぐに温め、動物病院へ連れて行きましょう。

亡くなったことが確認できたら

遺体が傷まないように冷やして安置します。火葬に備えて燃える素材の箱に入れ、箱の周りに保冷剤を置いて冷やしましょう。

お別れの方法を決める

葬儀の方法はペット葬儀（火葬）や埋葬（プランター葬）など、さまざまなものがあります。落ち着いて、自分に合った方法を決めましょう。

亡くなっていることを確認する

ハムスターの平均寿命は約3年です。長生きしてくれる場合もあれば、若くして亡くなってしまうこともあります。病気やケガなどの不調を隠す習性があるため、飼い主さんが気づいたときには息が止まっていることも少なくありません。

まずは落ち着いて、本当に亡くなっているのか確認しましょう。ハムスターは気温が下がったときに仮冬眠してしまい、亡くなったように見えることがあります。その場合は、かかりつけの動物病院に連絡すること。亡くなっている場合は遺体を安置し、お別れの方法をゆっくり考えましょう。

亡くなった場所がおしっこなどで汚れていることがあるので、気持ちを落ち着けるために掃除をしてあげるのもひとつの方法です。急ぐ必要はありませんが、かかりつけの動物病院にも連絡しましょう。

ペット葬儀

◎ 火葬ができる

ペット葬儀専門の業者では小さいハムスターも火葬ができます。残った骨は持ち帰るか、ペット霊園で永代供養をお願いすることも可能です。

△ 費用と時間がかかる

ペット葬儀のプランにもよりますが、数千円～数万円、永代供養の場合はさらに年会費などがかかる場合があります。また、葬儀場の予約状況によっては火葬まで数日かかることも。

埋葬

◎ 無料ですぐに供養できる

自宅の庭に遺体を埋葬すれば、費用はかかりません。亡くなったあとすぐに供養できるメリットも。

△ 自宅の庭以外にはNG

埋葬できるのは自宅の庭だけ。借地や賃貸物件では埋葬できません。

プランター葬

◎ 庭がなくても省スペースで

プランターに埋葬すれば小さなベランダでも置くことができます。種を撒いておけば、養分となってきれいな花を咲かせることも。

△ カラスに狙われるかも

プランター内では骨まで分解されない場合があります。深さがないため、カラスに狙われる危険も。

信頼できる葬儀社や霊園に依頼する

ハムスターの生涯を短く感じるかもしれませんが、小さなからだで精一杯、命をまっとうしてくれたと考えましょう。見送ることは飼い主さんの大切な役割であり、心を落ち着けるためにも必要な儀式です。

お別れの方法はいくつかありますが、近年はペット葬儀を選ぶ飼い主さんが増えています。動物病院に信頼できる葬儀社や霊園を紹介してもらい、火葬の日取りに加えて納骨や供養などの希望を伝えて予約しましょう。いずれも合同と個別を選べます。

火葬の方法は飼い主さんによる持ち込みと火葬場の引き取りがあり、訪問火葬を選べる場合もあります。好物のおやつやお気に入りのものも一緒に火葬できます。念のため火葬場に確認して持参しましょう。ハムスターのための小さい2寸サイズの骨壷もあるので、自宅へ連れ帰ることもできます。

ハムスターのいる暮《く》らし

つぶらな瞳と
多様な毛色

ハムスターのつぶらな瞳ときょとんとした表情は愛くるしく、種類や毛色によってそれぞれのかわいさがあります。

全力で生きる姿に惹かれる

ハムスターには不思議な魅力があります。迎えてからあっという間に成長し、老いて旅立っていきます。よく食べよく眠りよく遊び、長くはない命を走り抜けるように全うする動物です。毎日を全力で生きるハムスターに惹《ひ》かれ、夢中になる飼い主さんはたくさんいるでしょう。

ハムスターの販売価格はわずか１０００～３０００円です。しかしケージや巣箱、回し車などの初期費用で、数倍の費用がかかることもあります。毎日の食事代や世話の手間もかかります。からだが小さい分ストレスを受けやすく、病気を見つけるのもひと苦労で、動物病院での治療費も決して安くはありません。命をまっとうするまでに必要な費用が販売価格の十倍を超えるケースも珍しくないでしょう。それでもハムスターのいる暮らしは、かけがえのない大切な時間になります。

キュートなハムケツ

愛好家に大人気のキュートなハムケツ（ハムスターのお尻）です。

かわいい写真がたくさん撮れる

ハムスターは慣れてくると無防備な姿を見せてくれることも。慣れないうちは、おやつを食べている間がシャッターチャンスです！

慣れるとさらにかわいい

飼い主さんに慣れてくると、手からおやつを食べたり、手に乗ったりしてくれるようになります。

かわいいグッズがたくさん

ハムスターの飼育用品はさまざまなデザインが販売されているので、好みのアイテムを見つけて楽しみましょう。

別れの後に再び出会いがある

別れのつらさを知ったうえで、再びハムスターと暮らしたいと思う飼い主さんはたくさんいます。長くはない命だからこそ、亡くしてから存在の大きさに気付くかもしれません。一緒に過ごした時間が思い出に変わる頃、楽しい時間をまた過ごしたいと思うのは自然なことでしょう。

慣れてくれるまでに時間がかかったり、バランスの良い食事を与えるのに苦労したりと大変なこともあります。しかしキュートなしぐさですべて帳消しにしてしまうのが、ハムスターのすごいところ。ベテランの飼い主さんの中には、ハムスターを繁殖させて飼い続ける方もいます。人の生活を豊かにしてくれる存在といえるでしょう。

寿命が短くても命に重みがあることは変わりません。長くはない一生だからこそ愛情をそそぎ、健康チェックで異変に早く気づいてあげてください。

おまけ

ハムスターのあれこれQ&A

本編では紹介しきれなかった
ハムスターの飼い方や
緊急時の対処方法を
Q&A形式で紹介します。

Q&A 飼《か》う前《まえ》に知《し》っておきたいあれこれ

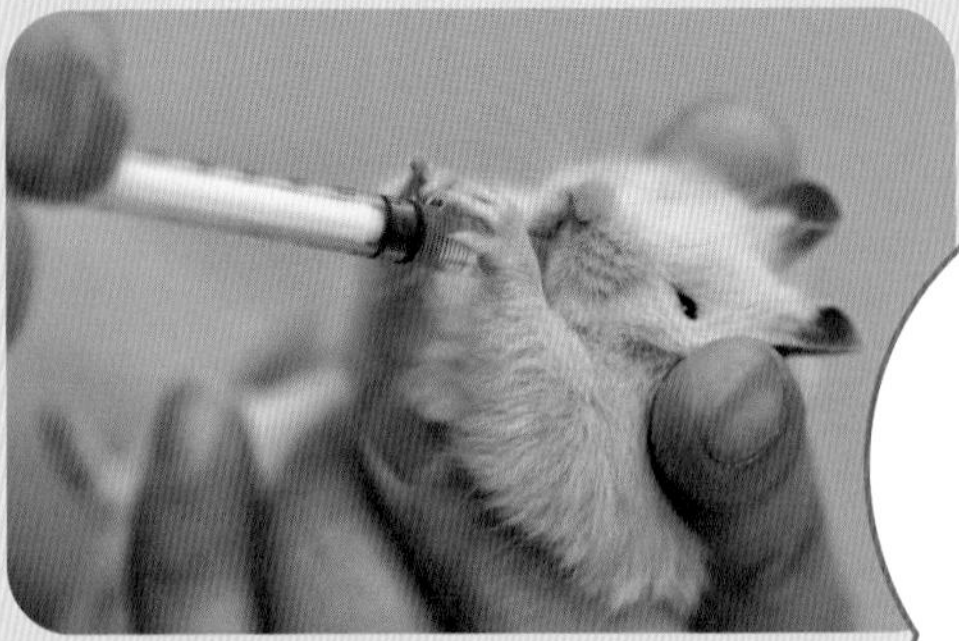

Q1 ハムスターの保険はあるの？

A 任意で加入するペット保険を利用することもできる

動物には人のような公的な健康保険制度がないため、動物病院でかかった治療費は、飼い主さんの全額負担になります。そこで任意で加入するペット保険というのがあります。犬や猫に比べると少ないですが、最近ではハムスターなど小動物向けのペット保険を扱っている保険会社もあります。加入するには年齢の条件があったり、病気によっては適用外のものがあったりなど内容もさまざまです。必要に応じて、よく調べたうえで検討しましょう。

Q2 他の動物も飼っているけどハムスターは飼える？

A 飼う場合は、十分に注意を

他の動物がいても、飼えないことはありません。しかし、ハムスターも同居する動物も、お互いが視界に入る場所で飼うのはどちらもストレスになります。鳴き声や動く姿に驚くだけでなく、相手のにおいだけでも反応する場合も。同居する動物によっては、もしかしたらハムスターを襲ってしまう可能性も考えられます。飼い主さんの目が届かないところで、不幸な事故が起こるのは避けたいもの。なるべくそれぞれを違う部屋で飼うようにすることです。

Q3 突然ハムスターを育てられなくなってしまったら？

A 飼育経験がある人を探すのがベスト

ハムスターを迎えた飼い主さんには、亡くなるまで飼いつづける責任があります。どうしても飼い続けられない事情がある場合は、責任をもって里親となる新たな飼い主さんを探してください。ハムスターの飼育経験がある身近な友人に、飼育用品と共に譲渡できれば安心でしょう。インターネットを利用する場合も、ハムスターの飼育経験ある人が無難。長距離の移動はハムスターのストレスになるため、遠くないところで手渡しができれば理想です。

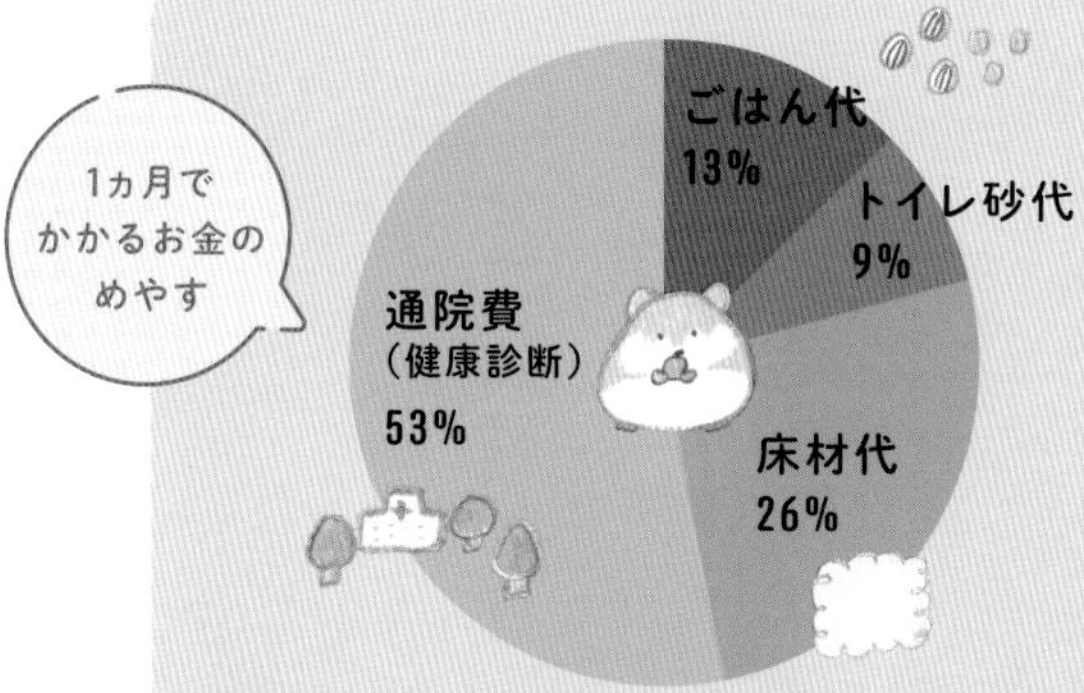

Q4 1匹あたりの飼育にかかるお金は？

A ひと月2000円程度だが、急な出費がある場合も

毎月必要な基本の費用は、食事代500円、トイレ砂代300円。床材代は素材によって異なり、300〜1000円と幅があります。健康状態が良くて動物病院を受診しない月は2000円ほどです。夏や冬など温度調節が必要な時期は、エアコンの光熱費がさらにかかると考えましょう。汚れたら交換するおもちゃや巣箱代、動物病院に通院するためのキャリーケース代のほかに、万が一のときの手術代など、突然の出費も想定し、毎月の出費と別に貯蓄しておくと良いでしょう。

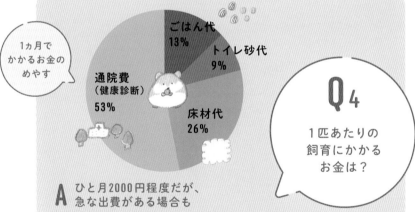

Q&A
ハムスターの様《よう》子《す》がおかしい？

Q5
おしっこが濁っているけど病気？

A 病気とは限らないが、日頃からチェックしておくと良い

ゴールデンハムスターのおしっこはクリーム色に濁っていることが多いですが、病気ではありません。もしも茶色や赤に近い色で濁っている場合は何らかの病気の可能性があるので、動物病院で診てもらいましょう。ドワーフハムスターのおしっこはゴールデンに比べると濁りは少ないですが、個体差はあります。おしっこの変化に気づくためには、日頃から注意して見ておくことが大切。ハムスターには泌尿器系の病気も多いので注意が必要です。

Q6
うんちを食べてしまうのですが…

A ハムスターはうんちを食べて栄養をとる

ハムスターもウサギなどの草食動物と同じように、うんちを食べる習性があります。口でうんちを運んだり、排泄したものをそのまま食べたりしますが、ハムスターにとっては自然なこと。食べ物の食物繊維を盲腸内で分解し、ビタミンやタンパク質などが含まれたうんちとして出します。1度の食事で摂取しきれなかった栄養を、ハムスターはうんちを食べることでもう一度摂取します。生きるために必要な行動なので、食べるのを止めないようにしましょう。

Q&A 血《ち》筋《すじ》と繁《はん》殖《しょく》

Q7 ジャンガリアンハムスターとキャンベルハムスターの違いは？

A ジャンガリアンにはキャンベルの血が混ざっているかも

よく似ているジャンガリアンハムスターとキャンベルハムスター。実はこの2種類の区別は曖昧です。野生のジャンガリアンをペット化する際に、体格が似ているキャンベルを交配に使ったからです。現在ペットとして飼育されている純粋なジャンガリアンは少ないと考えられます。毛色や目などに変わった特徴をもつジャンガリアンは、キャンベルとのミックスであることがほとんどです。

Q8 繁殖させるにはどうすれば良い？

A 獣医さんに相談して責任が持てる範囲で

繁殖させたい場合は、ハムスターに詳しい動物病院の獣医さんに相談すること。出産は母子共に命がけになるため、安易に考えるべきではありません。種類によっては10匹以上生まれることもあるため、自分で飼育する場合は相当のスペースと飼育費用を用意する必要があります。生まれた子どもを販売する場合は動物取扱業の資格が必要ですし、新たな飼い主さんを探す場合はすべて自己負担になります。自分で育てられる範囲で繁殖させましょう。

Q&A

日《ひ》頃《ごろ》から備《そな》えておくことは？

Q9

旅行の時は
どうすれば良い？

A 1泊2日程度なら留守番させてOK

飼い主さんが旅行に出かける場合、1泊2日程度であれば、ハムスターを家で留守番させておくことは可能です。ただし、出かける前には必ず給水器の水を新鮮な水に取り換えておきましょう。帰宅したらすぐに水を交換してあげます。様子がおかしいところがないか、チェックすることも忘れずに。2泊以上家を空ける場合は、信頼できる人にお世話をお願いするか、かかりつけの動物病院に相談したり、ペットホテルに預けたりするようにしましょう。

Q10

災害時は
どうすれば良い？

A ペット可の避難所なら連れていく

もしものときのために、ハムスターのケージは大地震がきても落下しない、他のものがケージに落ちてこない、倒れてこない安全な場所に置くことが大事です。災害時に避難が必要な場合、避難所がペット可であれば連れて行きます。そうでなければ避難区域以外の知り合いに預かってもらうか、ペレットを多めに入れて家で待っていてもらうのがよいでしょう。災害時はハムスター用のペレットがすぐに入手できないこともあるため、備蓄しておくと安心です。

STAFF プロフィール

監修

岡野祐士

LUNAペットクリニック潮見院長。日本獣医エキゾチック動物学会会員。平成14年にLUNAペットクリニック潮見を開業。犬や猫はもちろん、ウサギやハムスターなどの小動物も診察・手術が可能。病気の治療だけではなく予防に力を入れ、食事指導や飼い方指導も積極的に行っている。

撮影協力

ペットショップ PROP

2020年、学芸大学駅にオープンしたエキゾチックアニマル専門店。明るく清潔な店内では哺乳類、げっ歯類、爬虫類などの小動物が100匹以上販売されている。知識豊富なスタッフによる飼育アドバイスなど、飼った後のアフターフォローも行っている。

撮影

井川俊彦

東京生まれ。東京写真専門学校報道写真科卒業後、フリーカメラマンとなる。1級愛玩動物飼養管理士。犬や猫、うさぎ、ハムスター等の動物撮影は30年以上。写真を担当した動物関連雑誌・書籍・カレンダーなど多数。

イラスト	てらおかなつみ
デザイン	米倉英弘＋鈴木沙季（細山田デザイン事務所）
DTP	横村 葵
執筆	金子志緒・溝口弘美
撮影協力	手作り家具コロール（http://colore.milk.tc/）、 ジェックス（https://www.gex-fp.co.jp/）、 三晃商会（http://www.sanko-wild.com/）、鷲尾幸恵、萩谷明美
印刷・製本	シナノ書籍印刷

4歳までハムスターが
元気で長生きする飼い方

2021年12月13日　初版第1刷発行
2023年 7 月27日　　　第3刷発行

監修　岡野祐士
発行者　澤井聖一

発行所　株式会社エクスナレッジ
〒106-0032　東京都港区六本木 7-2-26
https://www.xknowledge.co.jp/

問合せ先　編集 TEL.03-3403-1381　FAX.03-3403-1345
info@xknowledge.co.jp
販売 TEL.03-3403-1321　FAX.03-3403-1829